U0382731

建筑工人岗位培训教材

钢 筋 工

本书编审委员会 编写

李建武 主编

中 国 建 筑 工 业 出 版 社

图书在版编目（CIP）数据

钢筋工/《钢筋工》编审委员会编写. —北京：中国建筑
工业出版社，2018.7（2024.8重印）
建筑工人岗位培训教材
ISBN 978-7-112-22346-6

Ⅰ.①钢… Ⅱ.①钢… Ⅲ.①建筑工程-钢筋-工程-施工-技
术培训-教材 Ⅳ.①TU755.3

中国版本图书馆 CIP 数据核字（2018）第 126691 号

本书以现行最新国家规范、规程、标准图集和最新国家职业
技能标准《建筑工程施工职业技能标准》JGJ/T 314—2016 为依
据，结合工程实践操作，深刻剖析钢筋工需要掌握的技能与知识，
详细介绍了有关现行 G101 系列和与之配套的 G901 系列最新标准
图集的作用及使用方法，按标准图集要求编写了手工编制简单结
构构件下料表的方法和实例，并详细介绍了梁、柱钢筋的实践操
作、钢筋工程质量控制与安全管理等知识。本书可作为中级技工
学校，中职及企业培训教学用书，还可作为读者自学用书。

责任编辑：高延伟 李 明 赵云波
责任校对：李欣慰

建筑工人岗位培训教材
钢 筋 工
本书编审委员会 编写
李建武 主编

*

中国建筑工业出版社出版、发行（北京海淀三里河路 9 号）
各地新华书店、建筑书店经销
北京红光制版公司制版
北京君升印刷有限公司印刷

*

开本：850×1168 毫米 1/32 印张：5⅝ 字数：150 千字
2018 年 8 月第一版 2024 年 8 月第八次印刷
定价：**18.00** 元
ISBN 978-7-112-22346-6
（32231）

建筑工人岗位培训教材
编审委员会

主　任：沈元勤

副主任：高延伟

委　员：(按姓氏笔画为序)

出　版　说　明

国家历来高度重视产业工人队伍建设，特别是党的十八大以来，为了适应产业结构转型升级，大力弘扬劳模精神和工匠精神，根据劳动者不同就业阶段特点，不断加强职业素质培养工作。为贯彻落实国务院印发的《关于推行终身职业技能培训制度的意见》（国发〔2018〕11号），住房和城乡建设部《关于加强建筑工人职业培训工作的指导意见》（建人〔2015〕43号），住房和城乡建设部颁发的《建筑工程施工职业技能标准》、《建筑工程安装职业技能标准》、《建筑装饰装修职业技能标准》等一系列职业技能标准，以规范、促进工人职业技能培训工作。本书编审委员会以《职业技能标准》为依据，组织全国相关专家编写了《建筑工人岗位培训教材》系列教材。

依据《职业技能标准》要求，职业技能等级由高到低分为：五级、四级、三级、二级、一级，分别对应初级工、中级工、高级工、技师、高级技师。本套教材内容覆盖了五级、四级、三级（初级、中级、高级）工人应掌握的知识和技能。二级、一级（技师、高级技师）工人培训可参考使用。

本系列教材内容以够用为度，贴近工程实践，重点突出了对操作技能的训练，力求做到文字通俗易懂、图文并茂。本套教材可供建筑工人开展职业技能培训使用，也可供相关职业院校实践教学使用。

为不断提高本套教材的编写质量，我们期待广大读者在使用后提出宝贵意见和建议，以便我们不断改进。

本书编审委员会

2018 年 6 月

前　　言

为提高建筑工人职业技能水平，根据住房和城乡建设部发布的行业标准《建筑工程施工职业技能标准》JGJ/T 314—2016 中《钢筋工职业标准》编写了这本以中级钢筋工为主并兼顾初、高级钢筋工的职业培训教材。

为推动钢筋工的职业技能培训，依据《建筑工程施工职业技能标准》JGJ/T 314—2016，我们组织了具有丰富实践工作和培训经验的中高级工程师、讲师编写了本书，总体来讲，本书具有以下几个鲜明的特点：

1. 本书以现行国家标准规范及标准图集结合工程实践，深刻剖析钢筋工需要掌握的技能与知识，详细介绍了有关现行 G101 系列和与之配套的 G901 系列最新标准图集的作用及使用方法，按规范要求编写了手工编制简单结构构件下料表的方法和实例，并介绍了用计算机翻样下料软件建立简单框架结构的计算模型，为有兴趣的学习者打开了一扇用计算机软件编制下料单的窗户。

2. 本书以中级钢筋工为主，少理论、重实操是一大特色。实操能力分两块，一是用手工开出符合设计要求的构件钢筋下料表，二是根据下料表加工符合要求的钢筋半成品或成品，如加工梁、柱箍筋，书中给出了符合施工习惯的加工步骤和经验下料公式，让初学者一看就会，二看就可以上工作台操作加工箍筋。由于职业资格考试要求高级别包含低级别的内容，因此本书中，虽然以中级工部分为主，但也介绍了初、高级工要求的基本知识。本书第一章、第四章第一节调直切断和第五章为初级工要求掌握的内容，中级工和高级工要求掌握本书的全部内容，读者阅读时可根据自己的实际情况抓重点学习。

本书对于从事基础设施建设和房屋建筑工程施工的广大钢筋工和技术人员等具有很好的指导意义。不仅有助于提高钢筋工操作技能水平和职业安全水平，更对保证建筑工程质量，促进"四新技术"的推广与应用有很大的指导意义。

本书由湖南建筑高级技工学校刘清、李建武、何新德、颜立新、陈冲、胡金涌、杨卓东、石炳炎、杨元、张杨云帆、石夏冰、付沛、邱瑧、中国水电八局技工学校周伟生参与编写，由李建武担任全书主编，周伟生担任副主编，湖南建筑高级技工学校熊自新主审，焊接培训专家苏艳红对书中焊接内容提出了宝贵意见。

本书在编写过程中参阅了大量资料，包括各种教材、论著和网页资料等，未能在参考文献中一一列出，在此特向这些资料的作者表示衷心的感谢。

本书内容涉及面广，内涵丰富，由于编者能力和水平有限，加之编写时间较仓促，书中错漏之处在所难免，恳请广大师生和读者不吝批评指正。

目　　录

一、混凝土结构识图与构造要求 ·················· 1

　　（一）现浇混凝土结构平法施工图的识图与标准构造 ········ 1

　　（二）变形缝与施工缝 ······················· 12

二、混凝土结构用材料 ·························· 14

　　（一）混凝土 ·························· 14

　　（二）钢筋 ··························· 16

　　（三）焊条 ··························· 19

三、钢筋配料单的编制 ·························· 26

　　（一）钢筋配料单的编制依据 ·············· 26

　　（二）钢筋配料单的编制内容 ·············· 26

　　（三）手工编制钢筋配料单 ··············· 27

　　（四）计算机软件编制配料单 ·············· 48

四、钢筋加工 ····························· 57

　　（一）机械加工钢筋 ··················· 57

　　（二）钢筋焊接 ···················· 71

　　（三）钢筋机械连接 ················· 84

　　（四）钢筋质量事故的预防和处理 ·········· 87

五、钢筋的绑扎与安装 ·················· 93

　　（一）钢筋绑扎 ················· 93

　　（二）钢筋焊接网的安装 ············· 101

　　（三）钢筋的现场绑扎 ············· 102

　　（四）安装质量检验与验收及安全技术 ······· 111

　　（五）钢筋绑扎与安装的质量通病及防治措施 ······· 114

六、工具设备的维护和保养 ·················· 120

（一）钢筋加工机械的维护及常见故障处理 ………… 120

（二）钢筋连接、焊接和加工机械的选用 ………… 125

（三）钢筋连接检测工具的选择和使用 ………… 127

七、施工管理 ………………………………………… 129

（一）与本工种相关工种协调 …………………… 129

（二）班组管理 …………………………………… 129

习题 …………………………………………………… 133

（一）判断题 ……………………………………… 133

（二）单项选择题 ………………………………… 139

（三）多项选择题 ………………………………… 156

（四）案例题 ……………………………………… 162

参考文献 ……………………………………………… 169

一、混凝土结构识图与构造要求

（一）现浇混凝土结构平法施工图的识图与标准构造

1. 现浇混凝土结构平法施工图的识图

（1）柱平法施工图识图

1）柱平法施工图的表示方法

① 列表注写方式

该表示方法在实际施工图中比较少见，虽简洁明了，但对初学者来说，有一定的难度，所以在这里不作多的阐述，如要深入了解，见 16G101-1 图集第 8～11 页。

② 截面注写方式

该表示方法直观明了，实际工程中最常见。

A. 柱编号

柱编号由类型代号和序号组成，应符合表 1-1 的规定。

柱编号　　　　　表 1-1

柱类型	代号	序号
框架柱	KZ	××
转换柱	ZHZ	××
芯柱	XZ	××
梁上柱	LZ	××
剪力墙上柱	QZ	××

柱代号按照《建筑结构制图标准》GB/T 50105—2010，为汉字拼音的第一个字母。

B. 柱标注

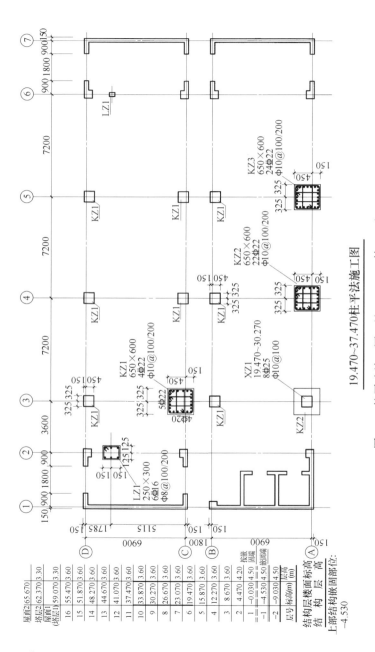

图 1-1 柱平法施工图（见 16G101-1 第 12 页）

注：其中 Φ 代表级别为 HRB400 级的钢筋，Φ 代表级别为 HPB300 级的钢筋。

19.470~37.470柱平法施工图

结构层楼面标高 结 构 层 高		
屋面2	65.670	
塔层2	62.370	3.30
屋面1 (塔层1)	59.070	3.30
16	55.470	3.60
15	51.870	3.60
14	48.270	3.60
13	44.670	3.60
12	41.070	3.60
11	37.470	3.60
10	33.870	3.60
9	30.270	3.60
8	26.670	3.60
7	23.070	3.60
6	19.470	3.60
5	15.870	3.60
4	12.270	3.60
3	8.670	3.60
2	4.470	4.20
1	-0.030	4.50
-1	-4.530	4.50
-2	-9.030	4.50
层号	标高(m)	层高(m)

结构层楼面标高
结 构 层 高 (m)

上部结构嵌固部位：
-4.530

2

a. 集中标注：表达柱的总信息。

b. 原位标注：b/h 边一侧中部钢筋，因为柱为矩形，所以对称布筋。当 b 边和 h 边钢筋直径与角筋直径相同时，可统一在集中标注中表示，如图 1-1 中 KZ2。

C. 柱定位

a. 平面定位：即纵横轴线定位。

b. 高度定位：即柱的起止标高。

2）举例说明：以图 1-1 中 KZ1 为例说明

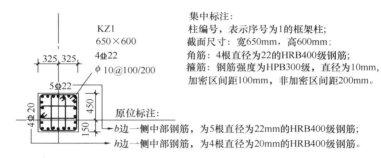

集中标注：
柱编号，表示序号为1的框架柱；
截面尺寸：宽650mm，高600mm；
角筋：4根直径为22的HRB400级钢筋；
箍筋：钢筋强度为HPB300级，直径为10mm，加密区间距100mm，非加密区间距200mm。

原位标注：
b 边一侧中部钢筋，为5根直径为22mm的HRB400级钢筋；
h 边一侧中部钢筋，为4根直径为20mm的HRB400级钢筋。

图 1-1 中，KZ1 有 9 个，在左侧结构层高即各楼层结构标高表中，竖向粗实线标注的起止标高为 19.470~37.470m，其对应的楼面标高为第六层至第十一层楼面标高，对应的楼层为第六层至第十层。钢筋级别以及符号见本书的第二章。

（2）梁平法施工图识图

1）梁平法施工图的表示方法

① 截面注写方式：截面注写方式使用比较少，在这里不作多的阐述，如要深入了解，见 16G101-1 图集第 34~36 页。

② 平面注写方式：在实际工程中设计人员主要采用平面注写的方式来表达梁的配筋。

A. 梁编号：梁编号由梁类型代号、序号、跨数及有无悬挑代号几项组成（表 1-2）。

梁代号按照《建筑结构制图标准》GB/T 50105—2010，为汉字拼音的第一个字母。

梁类型	代号	序号	跨数及是否带有悬挑
楼层框架梁	KL	××	(××)、(××A)或者(××B)
楼层框架扁梁	KBL	××	(××)、(××A)或者(××B)
屋面框架梁	WKL	××	(××)、(××A)或者(××B)
框支梁	KZL	××	(××)、(××A)或者(××B)
托柱转换梁	TZL	××	(××)、(××A)或者(××B)
非框架梁	L	××	(××)、(××A)或者(××B)
悬挑梁	XL	××	(××)、(××A)或者(××B)
井字梁	JZL	××	(××)、(××A)或者(××B)

注：(××A)为一端有悬挑，(××B)代表两端有悬挑，悬挑不计入跨数。

B. 梁标注（图 1-2）：

a. 集中标注：表达梁的总信息。

b. 原位标注：写在靠近上部支座钢筋的边缘，当左右支座负筋相同时，只需写在支座的左侧或右侧，跨中底部钢筋书写在梁中间的位置。当集中标注所表达的信息和原位标注不同时，以原位表达为准。

2）举例说明

① 以图 1-2 中位于⑥～⑦轴间的 L1（1）为例说明梁的集中标注。

L1(1)250×450 φ8@150(2) 2⊉16;4⊉20 G2⊉10 (−0.100)	表示序号为 1 的非框架梁，1 跨，截面尺寸：宽 250mm，高 450mm；箍筋：强度为 HPB300 级，直径为 8mm，间距 150mm 的双肢箍； 分号前信息表示梁的上部通长筋，分号后表示梁的下部通长筋； 侧面构造钢筋，2 根直径为 10mm 的 HRB400 级钢筋； 表示该梁顶标高相对于本层楼面标高低 0.100m。

② 以位于Ⓐ、Ⓒ、Ⓓ轴交②～⑥轴的 KL1（4）为例说明梁的原位标注：

4

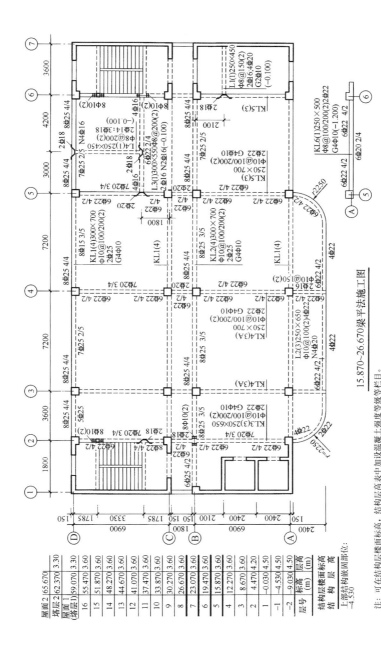

图 1-2 梁平法施工图（见 16G101-1 第 37 页）

15.870~26.670梁平法施工图

注：可在结构层楼面标高、结构层高表中加注混凝土强度等级等栏目。

5

位于②~③轴跨底部的 5 ⚏ 25，表示 5 根直径为 25mm 的纵筋，上部是 8 ⚏ 25 4/4，表示共有 8 根直径为 25mm 的钢筋，分 2 排布置，每排 4 根，由于是写在中间，所以在该跨 8 根钢筋通长布置。

位于③~④轴跨底部的 7 ⚏ 25 2/5，表示 7 根直径为 25mm 的纵筋，分 2 排布置，底部第一排钢筋为 5 根，底部第二排钢筋为 2 根；上部左支座负筋是 8 ⚏ 25 4/4，分 2 排布置，每排 4 根，其中第一排 2 根为梁上部通长筋，2 根为支座负筋，第二排 4 根为支座负筋。

位于④~⑤轴的钢筋信息同③~④轴，只是底筋根数不同。

位于⑤~⑥轴跨底部钢筋同③~④轴，此跨因为支撑次梁 L4，所以设置了附加横向钢筋（2 根⚏ 18 的吊筋）以及侧面受扭钢筋（4 根⚏ 16 的钢筋），上部支座受力筋同邻跨受力筋。

（3）板平法施工图识图

1）板平法施工图的表示方法：板底部和顶部钢筋集中标注（注明板底 B 和板面 T 的配筋），板支座钢筋原位标注。

① 板块编号：板块编号由类型代号和序号组成，应符合表 1-3 的规定。

板块编号　　表 1-3

板类型	代号	序号
楼面板	LB	××
屋面板	WB	××
悬挑板	XB	××

板代号按照《建筑结构制图标准》GB/T 50105—2010，为汉字拼音的第一个字母。

② 板块标注：

A. 集中标注：表示板块底部和顶部钢筋的总信息。

B. 原位标注：表示板支座钢筋。

2）举例说明：

① 以图 1-3 中位于Ⓐ轴到Ⓑ轴交①轴到②轴、到③轴的 LB1、LB2 为例说明板块集中标注：

LB1 $h=120$ 表示序号为 1 的楼面板，板厚 120mm；

B：$X\&Y \Phi 8@150$ 表示板底 X、Y 方向的受力筋都是直径为 8mm 的 HRB400 级钢筋，间距为 150mm；

T：$X\&Y \Phi 8@150$ 表示板面 X、Y 方向的受力筋都是直径为 8mm 的 HRB400 级钢筋，间距为 150mm；

LB2 $h=150$ 表示序号为 2 的楼面板，板厚 150mm；

B：$X \Phi 10@150$ 表示板底 X 方向的受力筋是直径为 10mm 的 HRB400 级钢筋，间距为 150mm；

$Y \Phi 8@150$ 表示板底 Y 方向的受力筋是直径为 8mm 的 HRB400 级钢筋，间距为 150mm。

特别注意：Ⓐ轴到Ⓑ轴交②轴的 LB2 上部支座①负筋，应与 LB1 上部 X 方向钢筋按整根钢筋下料，不应分开下料。

② 以图 1-3 中位于Ⓑ轴到Ⓒ轴交②轴到④轴⑨号支座受力筋为例说明板块原位标注：

⑨ 号支座受力筋，横跨 LB3，两端各延伸至邻跨 1800mm，配筋为$\Phi 10$，间距 100mm，（2）表示此受力筋在③～④～⑤轴两块板连续布置。

其他识图方法见 16G101-1 第 39～43 页。

（4）板式楼梯平法施工图识图

1）板式楼梯平法施工图的表示方式

板式楼梯常用的表示方式有平面注写、剖面注写和列表注写法三种。

① 板式楼梯的类型与编号

板式楼梯的类型比较多，比较常见的是 AT 型、BT 型、CT 型、DT 型，其他类型请参考 16G101-2 第 6 页（图 1-4）。

BT 型梯板起步有一平直段，与梯梁相连，BT 型梯段的上部与 AT 型梯板相同，CT 型起步与 AT 型相同，在梯段的上部有一平直段与梯梁相连。

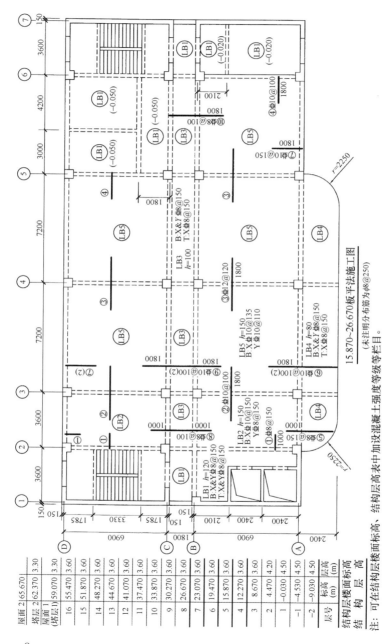

15.870~26.670板平法施工图
(未注明分布筋为φ8@250)

图1-3 板平法施工图 (见 16G101-1 第 44 页)

注: 可在结构层高表中加设混凝土强度等级等栏目。

层号	标高 (m)	层高 (m)
屋面2	65.670	3.30
塔层2	62.370	3.30
屋面1(塔层1)	59.070	3.60
16	55.470	3.60
15	51.870	3.60
14	48.270	3.60
13	44.670	3.60
12	41.070	3.60
11	37.470	3.60
10	33.870	3.60
9	30.270	3.60
8	26.670	3.60
7	23.070	3.60
6	19.470	3.60
5	15.870	3.60
4	12.270	3.60
3	8.670	3.60
2	4.470	4.20
1	-0.030	4.50
-1	-4.530	4.50
-2	-9.030	4.50
结构层楼面标高 结 构 层 高		

8

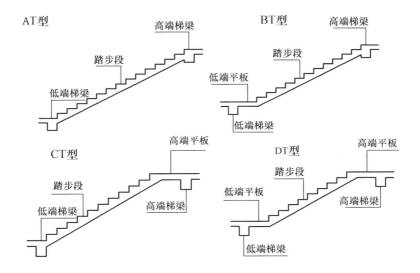

图 1-4 AT、BT、CT、DT 型楼梯截面形状示意图
（见 16G101-2 第 11、12 页）

DT 型梯板梯段的下部与梯段的上部都有一平直段与梯梁相连。其他类型的梯板表示方法见 16G101-2 第 13～15 页。

② 板式楼梯标注

集中标注：表示板式楼梯的总信息。

2）举例说明

以图 1-5 中 AT3 为例说明板式楼梯的集中标注：

AT3，$h=120$ 类型为 AT 型，序号为 3，梯板厚度为 120mm；

1800/12 踏步段总高度为 1800mm，踏步级数为 12 级；

Φ10@200；Φ12@150 分号前表示上部受力筋直径为 10mm 的 HRB400 级钢筋，间距为 200mm；分号后表示下部受力筋直径为 12mm 的 HRB400 级钢筋，间距为 150mm；

FΦ8@250 梯板的分布筋是直径为 8mm 的 HPB300 级钢筋，间距为 250mm。

（5）柱下独立基础平法施工图识图

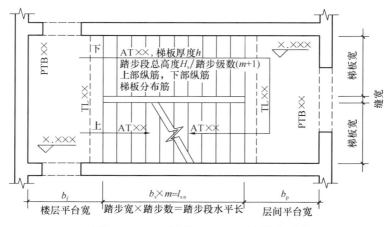

标高×.×××~标高×.×××楼梯平面图

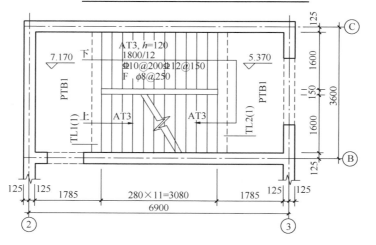

标高5.370~标高7.170楼梯平面图

图 1-5　板式楼梯平面图（见 16G101-2 第 23 页）

柱下独立基础平法施工图的表示方法

柱下独立基础的表示方法有平面注写和截面注写方式，在这里我们将对平面注写方式进行详解。

平面注写

A. 各种独立基础编号见表1-4。

独立基础的类型 表 1-4

类型	基础底板截面形状	代号	序号
普通独立基础	阶形	DJ$_J$	××
	坡形	DJ$_P$	××
杯口独立基础	阶形	BJ$_J$	××
	坡形	BJ$_P$	××

独立基础代号按照《建筑结构制图标准》GB/T 50105—2010，为汉字拼音的第一个字母。

B. 柱下独立基础识图。

集中标注：

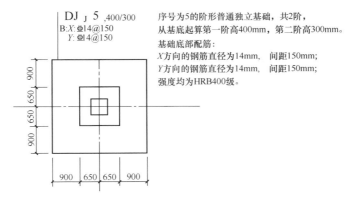

DJ $_J$ 5 $_{,400/300}$
B:X: $\oplus$14@150
Y: $\oplus$4@150

序号为5的阶形普通独立基础，共2阶，从基底起算第一阶高400mm，第二阶高300mm。
基础底部配筋：
X方向的钢筋直径为14mm，间距150mm；
Y方向的钢筋直径为14mm，间距150mm；
强度均为HRB400级。

2. 现浇混凝土结构平法施工图的标准构造

由于篇幅原因，我们对标准构造详图不再作详解，如有需要请见：

（1）柱标准构造见16G101-1第63～70页。

（2）梁标准构造见16G101-1第84～98页。

（3）板标准构造见16G101-1第99～115页。

（4）板式楼梯标准构造见16G101-2。

（5）独立基础标准构造见16G101-3第67～75页。

（二） 变形缝与施工缝

1. 变形缝

建筑物由于温度变化、地基不均匀沉陷或地震原因而产生变形，为对抗这种变形，将建筑物垂直分开的缝称为变形缝。因功能不同，可分为沉降缝、温度缝、防震缝，工程实际应用时常将三缝合一。

（1）沉降缝

沉降缝是防止由于相邻房屋高差过大或采用不同基础形式产生不均匀沉降而开裂（图1-6）。

（2）温度缝

温度缝是防止建筑物由于热胀冷缩而引起的开裂（图1-7）。

图1-6　沉降缝　　　　　　　图1-7　温度缝

（3）抗震缝

在建筑物立面高差6m以上或者水平方向刚度不同的部分必须设置缝隙将不同刚度的建筑物分开，防止地震时建筑物在该处发生破坏，同时缝隙必须满足抗震设计规范要求。在实际工程中，设计人员会将温度缝、沉降缝和抗震缝统一考虑，使得三缝合一。

2. 施工缝

施工缝是在房屋结构施工过程中因结构构件不能连续浇筑而在预定的位置留下施工间隙缝，如竖向构件墙、柱的施工缝，就设置在梁底或板面。地下室的底板、顶板和外墙设置的施工缝必须设置止水钢板。

后浇带（缝）

在现浇整体式钢筋混凝土结构中，只在施工期间保留的临时性变形缝，称为"后浇带（缝）"（图1-8）。

图1-8　后浇带

二、混凝土结构用材料

（一）混　凝　土

1. 混凝土的组成及分类

（1）混凝土的组成

混凝土一般是由水泥、砂、石和水所组成。为改善混凝土的某些性能，还常加入适量的外加剂和掺合料。在混凝土中，砂、石起骨架作用，称为骨料或集料；水泥与水形成水泥浆，包裹在骨料的表面并填充其空隙。

（2）混凝土的分类

1）按表观密度分类

可分为：重混凝土（表观密度大于 2500kg/m³）、普通混凝土（表观密度为 1950～2500kg/m³）、轻混凝土（表观密度小于 1950kg/m³）。

2）按胶凝材料分类

通常根据主要胶凝材料的品种，并以其名称命名，如水泥混凝土、沥青混凝土、水玻璃混凝土等。有时也以加入的特种改性材料命名。例如，水泥混凝土中掺入钢纤维时，称为钢纤维混凝土；水泥混凝土中掺入大量粉煤灰时，则称为粉煤灰混凝土。

3）按使用功能和特性分类

按使用部位、功能和特性通常可分为结构混凝土、道路混凝土、水工混凝土、耐热混凝土、耐酸混凝土、防辐射混凝土、补偿收缩混凝土、防水混凝土、泵送混凝土、自密实混凝土、纤维混凝土、聚合物混凝土、高强混凝土、高性能混凝土等。

目前，混凝土技术正朝着超高强、轻质、高耐久性、多功能和智能化方向发展。混凝土新技术发展迅速，如高耐久性混凝土、高强高性能混凝土、自密实混凝土技术、再生骨料混凝土、混凝土裂缝控制技术、超高泵送混凝土技术等。

2. 常用水泥列表

水泥为无机水硬性胶凝材料，是重要的建筑材料之一，在建筑工程中有着广泛的应用。水泥品种非常繁多，按其主要水硬性物质名称可分为硅酸盐水泥、铝酸盐水泥、硫铝酸盐水泥、氟铝酸盐水泥、磷酸盐水泥等。根据国家标准《水泥的命名原则和术语》GB/T 4131—2014 的规定水泥按其用途及性能可分为通用水泥、特种水泥。目前，我国建筑工程中常用的是通用硅酸盐水泥，它是以硅酸盐水泥熟料和适量的石膏及规定的混合材料制成的水硬性胶凝材料。国家标准《通用硅酸盐水泥》（国家标准第 2 号修改单）GB 175—2007/XG2—2015 规定，按混合材料的品种和掺量，通用硅酸盐水泥可分为六种常用水泥，其名称及代号见表 2-1。

通用硅酸盐水泥的代号和强度等级　　　　　表 2-1

水泥名称	简称	代号	强度等级
硅酸盐水泥	硅酸盐水泥	P·Ⅰ、P·Ⅱ	42.5、42.5R、52.5、52.5R、62.5、62.5R
普通硅酸盐水泥	普通水泥	P·O	42.5、42.5R、52.5、52.5R
矿渣硅酸盐水泥	矿渣水泥	P·S·A、P·S·B	32.5、32.5R 42.5、42.5R 52.5、52.5R
火山灰质硅酸盐水泥	火山灰水泥	P·P	
粉煤灰硅酸盐水泥	粉煤灰水泥	P·F	
复合硅酸盐水泥	复合水泥	P·C	32.5R、42.5、42.5R、52.5、52.5R

注：强度等级中，R 表示早强型。

3. 混凝土的强度等级与力学性能

（1）混凝土的强度等级

混凝土的强度等级应按立方体抗压强度标准值确定。立方体抗压强度标准值系指按标准方法制作、养护的边长为 150mm 的立方体试件，在 28d 或设计规定龄期以标准试验方法测得的具有 95％保证率的抗压强度值。采用符号 C 与立方体抗压强度标准值（单位为 MPa）表示。普通混凝土按立方体抗压强度标准值划分为 C15、C20、C25、C30、C35、C40、C45、C50、C55、C60、C65、C70、C75 和 C80 共 14 个强度等级。混凝土强度等级是混凝土结构设计、施工质量控制和工程验收的重要依据。

（2）混凝土的力学性能

1）混凝土的轴心—抗压强度

轴心抗压强度的测定采用 150mm×150mm×300mm 的棱柱体作为标准试件，按标准方法制作、养护 28d 测得的具有 95％保证率的抗压强度值。试验表明，在立方体抗压强度 $f_{cu}=10\sim55$MPa 的范围内，轴心抗压强度 $f_c=（0.70\sim0.80）f_{cu}$。混凝土轴心抗压强度是结构计算所用到的力学指标。

2）混凝土的抗拉强度

混凝土抗拉强度只有抗压强度的 $1/20\sim1/10$，且随着混凝土强度等级的提高，比值有所降低。在结构设计中抗拉强度是确定混凝土抗裂度的重要指标，有时也用它来间接衡量混凝土与钢筋的粘结强度等。我国采用立方体的劈裂抗拉试验来测定混凝土的劈裂抗拉强度 f_{ts}，并可换算得到混凝土的轴心抗拉强度 f_t。混凝土强度等级与对应的轴心抗压强度、抗拉强度指标见《混凝土结构设计规范》GB 50010—2010（2015 年版）相关章节。

（二）钢　　筋

1. 钢筋种类、牌号、符号及钢筋物理力学性能

（1）钢筋种类

钢筋混凝土结构用钢筋主要品种有热轧钢筋、余热处理钢筋；预应力混凝土结构用预应力筋主要有热处理钢筋、钢丝和钢绞线等。热轧钢筋是建筑工程中用量最大的钢材品种之一，主要

用于钢筋混凝土结构和预应力混凝土结构的配筋。

高强钢筋是指现行国家标准中规定的屈服强度为 400MPa 和 500MPa 级的普通热轧带肋钢筋（HRB）和细晶粒热轧带肋钢筋（HRBF）。目前，400MPa 级钢筋已得到大量应用，500MPa 级钢筋开始应用。

（2）钢筋牌号

国家标准规定，对一、二、三级抗震等级设计的框架和斜撑构件（含梯段）中的纵向受力普通钢筋应采用 HRB335E、HRB400E、HRBF335E、HRBF400E 或 HRBF500E 钢筋。

国家标准还规定，热轧带肋钢筋应在其表面轧上牌号标志，还可依次轧上经注册的厂名（或商标）和公称直径毫米数字。钢筋牌号以阿拉伯数字或阿拉伯数字加英文字母表示，HRB335、HRB400、HRB500 分别以 3、4、5 表示，HRBF400、HRBF500 分别以 C4、C5 表示。厂名以汉语拼音字头表示。公称直径毫米数以阿拉伯数字表示。对于直径不大于 10mm 的钢筋，可不轧制标志，而采用挂标牌方法。

（3）钢筋符号（常用表示方法见表 2-2）。

常用热轧钢筋的品种及强度标准值　　表 2-2

表面形状	牌号	常用符号	屈服强度 R_{eL}（MPa）不小于	抗拉强度 R_M（MPa）不小于
光圆	HPB300	Φ	300	420
带肋	HRB335	Φ	335	455
	HRB400	Φ	400	540
	HRBF400	ΦF		
	RRB400	ΦR		
	HRB500	ΦF	500	630
	HRBF500	Φ		

注：热轧带肋钢筋牌号中，HRB 属于普通热轧钢筋，HRBF 属于细晶粒热轧钢筋，RRB 属于余热处理钢筋。

（4）钢筋物理力学性能

钢筋的主要性能包括力学性能和工艺性能。其中，力学性能是钢筋最重要的使用性能，包括拉伸性能、冲击性能、疲劳性能等。工艺性能表示钢材在各种加工过程中的行为，包括弯曲性能和焊接性能等。钢筋拉伸性能包含屈服强度、抗拉强度和伸长率。

2. 混凝土结构用钢筋

（1）钢筋混凝土结构用钢筋

钢筋混凝土用钢筋，可分为热轧钢筋和余热处理钢筋。目前，我国常用的热轧钢筋品种及强度标准值见表 2-2［详见《混凝土结构设计规范》GB 50010—2010（2015 年版）相关章节］。

（2）预应力混凝土结构用预应力筋

预应力混凝土结构所采用的预应力筋的质量应符合现行国家标准《预应力混凝土用钢丝》GB/T 5223—2014、《预应力混凝土用钢绞线》GB/T 5224—2014、《无粘结预应力钢绞线》JG/T 161—2016 等规范的规定。预应力筋品种/种类及强度标准值见表 2-3。

预应力筋品种及强度标准值　　　　　　　　表 2-3

种类		符号	公称直径 d（mm）	屈服强度标准值（f_{pyk}）	极限强度标准值（f_{ptk}）
中强度预应力钢丝	光面 螺旋肋	Φ^{PM} Φ^{HM}	5、7、9	620	800
				780	970
				980	1270
预应力螺纹钢筋	螺纹	Φ^T	18、25、32、40、50	785	980
				930	1080
				1080	1230
清除应力钢丝	光面 螺旋肋	Φ^P Φ^H	5	—	1570
				—	1860
			7	—	1570
			9	—	1470
				—	1570

种类		符号	公称直径 d（mm）	屈服强度标准值（f_{pyk}）	极限强度标准值（f_{ptk}）
钢绞线	1×3（三股）	ϕ^S	8.6、10.8、12.9	—	1570
				—	1860
				—	1960
	1×7（七股）		9.5、12.7、15.2、17.8	—	1720
				—	1860
				—	1960
			21.6	—	1860

混凝土结构用钢筋使用前，除具有产品出厂合格证外，还应在现场进行抽样检测，其拉伸性能指标均应符合表 2-2、表 2-3 的要求。

3. 钢筋代换

（1）代换原则

等强度代换或等面积代换。当构件配筋受强度控制时，按钢筋代换前后强度相等的原则进行代换；当构件按最小配筋率配筋时，或同强度之间的代换，按钢筋代换前后面积相等的原则进行代换。当构件受裂缝宽度或挠度控制时，代换前后应进行裂缝宽度和挠度验算。

（2）钢筋代换时，应征得设计单位的同意，相应费用应按有关合同规定（一般应征得业主同意）并办理相应手续。代换后钢筋的间距、锚固长度、最小钢筋直径、数量等构造要求和受力、变形情况均应符合相应规范要求。

（三）焊　　条

1. 焊条种类

钢筋焊条电弧焊所采用的焊条，应符合现行国家标准《非合金钢及细晶粒钢焊条》GB/T 5117 或《热强钢焊条》GB/T 5118

的规定。钢筋二氧化碳气体保护电弧焊所采用的焊丝，应符合现行国家标准《气体保护电弧焊用碳钢、低合金钢焊丝》GB/T 8110 的规定（限于篇幅，本节不作详细介绍）。其型号应根据设计规定；若设计无规定时，可按表 2-4 选用。

钢筋电弧焊所采用焊条推荐表   表 2-4

钢筋牌号	电弧焊接头形式			
	帮条焊、搭接焊	坡口焊、熔槽帮条焊、预埋件穿孔塞焊	窄间隙焊	钢筋与钢板搭接焊、预埋件 T 形角焊
HPB300	E4303	E4303	E4316 E4315	E4303
HRB335 HRBF335	E5003 E4303 E5016 E5015	E5003 E5016 E5015	E5016 E5015	E5003 E4303 E5016 E5015
HRB400 HRBF400	E5003 E5516 E5515	E5503 E5516 E5515	E5516 E5515	E5003 E5516 E5515
HRB500 HRBF500	E5503 E6003 E6016 E6015	E6003 E6016 E6015	E6016 E6015	E5503 E6003 E6016 E6015
RRB400W	E5003 E5516 E5515	E5503 E5516 E5515	E5516 E5515	E5003 E5516 E5515

焊条分类

1）碳钢焊条型号根据熔敷金属的力学性能、药皮类型、焊接位置和焊接电流种类划分（表 2-5）

《非合金钢及细晶粒钢焊条》型号划分　表 2-5

焊条型号	药皮类型	焊接位置	电流种类
E43 系列——熔敷金属抗拉强度≥420MPa（43kgf/mm²）			
E4300	特殊型	平、立、仰、横	交流或直流正、反接
E4301	钛铁矿型		
E4303	钛钙型		
E4310	高纤维素钠型		直流反接
E4311	高纤维素钾型		交流或直流反接
E4312	高钛钠型	平、立、仰、横	交流或直流正接
E4313	高钛钾型		交流或直流正、反接
E4315	低氢钠型		直流反接
E4316	低氢钾型		交流或直流反接
E4320	氧化铁型	平	交流或直流正、反接
		平角焊	交流或直流正接
E4322		平	交流或直流正接
E4323	铁粉钛钙型	平、平角焊	交流或直流正、反接
E4324	铁粉钛型		
E4327	铁粉氧化铁型	平	交流或直流正、反接
		平角焊	交流或直流正接
E4328	铁粉低氢型	平、平角焊	交流或直流反接
E50 系列——熔敷金属抗拉强度≥490MPa（50kgf/mm²）			
E5001	钛铁矿型	平、立、仰、横	交流或直流正、反接
E5003	钛钙型		
E5010	高纤维素钠型		直流反接
E5011	高纤维素钾型		交流或直流反接
E5014	铁粉钛型		交流或直流正、反接
E5015	低氢钠型		直流反接
E5016	低氢钾型		交流或直流反接
E5018	铁粉低氢钾型		
E5018M	铁粉低氢型		直流反接

焊条型号	药皮类型	焊接位置	电流种类
E50 系列——熔敷金属抗拉强度≥490MPa（50kgf/mm²）			
E5023	铁粉钛钙型	平、平角焊	交流或直流正、反接
E5024	铁粉钛型		交流或直流正、反接
E5027	铁粉氧化铁型	平、平角焊	交流或直流正接
E5028	铁粉低氢型		交流或直流反接
E5048		平、仰、横、立向下	

注：① 焊接位置栏中文字含义：平—平焊、立—立焊、仰—仰焊、横—横焊、平角焊—水平角焊、立向下—向下立焊；② 焊接位置栏中立和仰系指适用于立焊和仰焊的直径不大于 4.0mm 的 E5014、EXX15、EXX16、E5018 和 E5018M 型焊条及直径不大于 5.0mm 的其他型号焊条；③ E4322 型焊条适宜单道焊。

焊条型号编制方法如下：字母"E"表示焊条；前两位数字表示熔敷金属抗拉强度的最小值；第三位数字表示焊条的焊接位置。"0"及"1"表示焊条适用于全位置焊接（平、立、仰、横），"2"表示焊条适用于平焊及平面焊，"4"表示焊条适用于向下立焊；第三位和第四位数组合时表示焊接电流种类及药皮类型。在第四位数字后附加"R"表示耐吸潮焊条；附加"M"表示耐吸潮和力学性能有特殊规定的焊条；附加"－1"表示冲击性能有特殊规定的焊条。

2）《热强钢焊条》型号根据熔敷金属的力学性能、化学成分、药皮类型、焊接位置及电流种类划分（表 2-6）

《热强钢焊条》型号划分 表 2-6

焊条型号	药皮类型	焊接位置	电流种类
E50 系列——熔敷金属抗拉强度≥490MPa（50kgf/mm²）			
E5003-×	钛钙型	平、立、仰、横	交流或直流正、反接
E5010-×	高纤维素钠型		直流反接
E5011-×	高纤维素钠型		交流或直流反接
E5015-×	低氢钠型		直流反接
E5016-×	低氢钾型		交流或直流反接
E5018-×	铁粉低氢型		交流或直流反接

焊条型号	药皮类型	焊接位置	电流种类
E50 系列——熔敷金属抗拉强度≥490MPa（50kgf/mm²）			
E5020-×	高氧化铁型	平角焊	交流或直流正接
		平	交流或直流正、反接
E5027-×	铁粉氧化铁型	平角焊	交流或直流正接
		平	交流或直流正、反接
E55 系列——熔敷金属抗拉强度≥540MPa（55kgf/mm²）			
E5500-×	特殊型	平、立、仰、横	交流或直流正、反接
E5503-×	钛钙型		
E5510-×	高纤维素钠型		直流反接
E5511-×	高纤维素钾型		交流或直流反接
E5513-××	高钛钾型		交流或直流正、反接
E5515-×	低氢钠型		直流反接
E5516-×	低氢钾型		交流或直流反接
E5518-×	铁粉低氢型		
E60 系列——熔敷金属抗拉强度≥590MPa（60kgf/mm²）			
E6000-×	特殊型	平、立、仰、横	交流或直流正、反接
E6010-×	高纤维素钠型		直流反接
E6011-×	高纤维素钾型		交流或直流反接
E6013-×	高钛钾型		交流或直流正、反接
E6015-×	低氢钠型		直流反接
E6016-×	低氢钾型		交流或直流反接
E6018-×	铁粉低氢型		

型号编制方法：字母"E"表示焊条；前两位数字表示熔敷金属抗拉强度的最小值；第三位数字表示焊条的焊接位置，"0"及"1"表示焊条适用于全位置焊接（平、立、仰及横），"2"表示焊条适用于平焊及平角焊；第三位和第四位数字组合时表示焊接电流种类及药皮类型；后缀字母为熔敷金属的化学成分分类代

号，并以短划"—"与前面数字分开，若还具有附加化学成分时，附加化学成分直接用元素符号表示，并以短划"—"与前面后缀字母分开。对于 E50××-×、E55×-×、E60××-× 型低氢焊条的熔敷金属化学成分分类后缀字母或附加化学成分后面加字母"R"时，表示耐吸潮焊条。

2. 焊条性能

焊条的工艺性能是指焊条操作时的性能，是衡量焊条质量的重要标志之一。焊条的工艺性能包括：焊接电弧的稳定性、焊缝成型性、对各种焊接位置焊接的适应性、脱渣性、飞溅程度、焊条的熔化效率、药皮发红程度以及焊条发尘量等。

（1）焊接电弧的稳定性

焊接电弧的稳定性就是保持电弧持续而稳定燃烧的能力。它对焊接过程能否顺利进行和焊缝质量都有显著的影响。电弧稳定性与很多的因素有关，焊条药皮的组成则是其中的主要因素。

（2）焊缝成型性

良好的焊缝成型，应该是表面波纹细致、美观、几何形状正确、焊缝余高量适中、焊缝与母材间过渡平滑、无咬边缺陷。焊缝成型性与熔渣的物理性能有关。

（3）各种位置焊接的适应性

实际工程中常需要进行平焊、横焊、立焊、仰焊等各种位置的焊接。几乎所有的焊条都能适用于平焊，但很多种焊条进行横焊、立焊或仰焊时有困难。进行横焊、立焊、仰焊的主要困难是重力的作用使熔池金属和熔渣下流，并妨碍熔滴过渡而不易形成正常的焊缝。为了解决上述困难，首先是适当提高电弧和气流的吹力，把熔滴推进熔池，并阻止液体金属和熔渣下流；其次是熔渣应具有合适的熔点和黏度，使之能在较高的温度和较短时间内凝固；再次是还应具有适当的表面张力，阻止熔滴下流。

（4）脱渣性

脱渣性是指焊渣从焊缝表面脱落的难易程度。脱渣性差会显著降低工作效率，尤其是多层焊时；另外，还易造成夹渣缺陷。

影响脱渣性的因素有熔渣的膨胀系数、氧化性、疏松度和表面张力等，其中熔渣的膨胀系数是影响脱渣性的主要因素。

（5）飞溅

飞溅是指在熔焊过程中液体金属颗粒向周围飞散的现象。飞溅太多会影响焊接过程的稳定性，增加金属的损失等。

影响飞溅大小的因素很多，熔渣黏度增大、焊接电流过大、药皮中水分过多、电弧过长焊条偏心等都能引起飞溅的增加。

（6）焊条的熔化速度

影响焊条熔化速度的因素，主要有焊条药皮的组成及厚度、电弧电压、焊接电流、焊芯成分及直径等。其中，焊条药皮的组成对焊条的熔化速度影响最明显。

（7）药皮发红

药皮发红是指焊条焊到后半段时，由于焊条药皮温升过高而导致发红、开裂或脱落的现象。这将使药皮失掉保护作用，引起焊条工艺性能恶化，严重影响焊接质量。

（8）焊接发尘量

在电弧高温作用下，焊条端部、熔滴和熔池表面的液体金属及熔渣被激烈蒸发，产生的蒸气排出电弧区外即迅速被氧化或冷却，变成细小颗粒飘浮于空气中，而形成焊接烟尘。焊接烟尘污染环境并影响焊工健康。为了改善焊接工作环境的卫生状况，许多国家先后制定了工业卫生的有关标准。我国在现行的国家标准《焊接与切割安全》GB 9448 中对锰及其化合物（换算成 MnO_2）、氟化氢及其他氟化物（换算成氟）及其他粉尘最高容许浓度作出了规定。

三、钢筋配料单的编制

每个实际工程由无数单个结构构件组成，对于钢筋混凝土结构工程的施工，事先应对每个结构构件按标准构造要求和可连接区段绘制钢筋大样、计算下料长度，同时对每根钢筋进行编号和定位（与平面轴线位置的关系）并统计钢筋重量，编制出一目了然的表格，便于钢筋的加工和安装。

（一）钢筋配料单的编制依据

钢筋工人根据平法施工图和相对应的标准构造（G101 系列）、钢筋排布规则（与 G101 系列配套使用的 G901 系列）绘制各个构件的钢筋简图，以表格的形式罗列出每个结构构件所需要的钢筋的规格、根数、钢筋形状、断料长度、接头位置、接头形式、钢筋重量等，此表格即钢筋配料单。

钢筋配料单是工人进行钢筋安装、加工的工作表单，根据此表单进行相应的钢筋采购、加工制作以满足钢筋混凝土结构的施工要求。

（二）钢筋配料单的编制内容

按结构部位分类，可以分为地下部分的钢筋配料单和地上各层的钢筋配料单；按结构构件分类，可以分为基础构件的配料单、剪力墙配料单、柱配料单、梁配料单、楼板配料单和楼梯配料单。

每一张钢筋配料单表达一个构件的钢筋用料。配料单的内容包括工程部位、构件名称、构件个数、构件位置、钢筋编号、钢筋规格、钢筋简图、断料长度、接头位置、接头形式、根数、合计根数、每个钢筋编号下钢筋的总重、单个构件钢筋总重量、相同构件钢筋总重量以及备注信息（表 3-1）。

构件配料表（广联达下料软件出表）　　　　　表 3-1

工程部位：

钢筋编号	规格	钢筋图形	下料长度（mm）	根数	合计根数	总重（kg）	备注
构件名称：						构件数量：	
构件位置：x 轴/x 轴							
单根构件重量：总重量：							
1							
2							

（三）手工编制钢筋配料单

手工编制钢筋配料单是按照一定的步骤进行，要熟悉结构施工图上每一个构件的配筋，以及每根钢筋在构件中的位置和相互关系，计算各个构件所需要的钢筋的直径、规格、种类、形式和数量，再将该构件所有钢筋信息汇总到表格。

1. 柱钢筋配料单的编制

柱钢筋长度的计算（以中间楼层为例）（图 3-1～图 3-3）

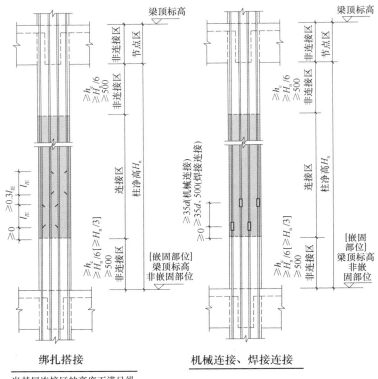

绑扎搭接　　　**机械连接、焊接连接**

当某层连接区的高度不满足纵
筋分两批搭接所需要的高度时，
应改用机械连接或焊接连接。

图 3-1　抗震框架柱纵筋连接构造（12G901-1 第 18 页）

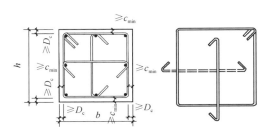

图 3-2　柱横截面复合箍筋排布构造详图（16G101-1 第 70 页、
12G901-1 第 21 页/13G101-11 第 19 页）

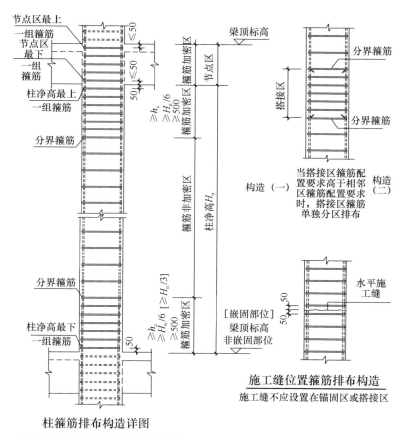

柱箍筋排布构造详图

柱高范围内箍筋间距相同时，无加密区、非加密区划分

图 3-3　框架柱箍筋排布筋构造（12G901-1 第 20 页）

（1）柱纵筋下料长度＝本层柱高－本层柱底部非连接区高度＋上层柱底部非连接区高度＋搭接长度（绑扎连接时）

（2）复合箍筋长度计算

1）大箍筋长度计算（表 3-2、表 3-3）

大箍筋长度＝[(柱截面宽－2×保护层厚度)＋(柱截面高－2×保护层厚度)]×2－3×90°量度差＋2×135°弯钩长度

$135°$弯钩长度＝$135°$弯曲增加值＋弯钩直线段长度

弯钩直线段长度　　　　　　　　　　　表 3-2

钢筋直径	弯钩直线段长度（抗震/受扭）	弯钩直线段长度（非抗震）
$d \geqslant 8$	$10d$	$5d$
$d < 8$	75	$5d$

$90°$量度差、$135°$弯曲增加值　　　　表 3-3

钢筋种类		弯芯直径	$90°$量度差	$135°$弯曲增加值	$180°$弯曲增加值
HPB300		$2.5d$	$1.75d$	$1.9d$	$6.25d$
HRB335/HRB400		$4d$	$2.07d$	$2.9d$	—
HRB500	$d \leqslant 25$mm	$6d$	$2.50d$	—	—
	$d > 25$mm	$7d$	$2.72d$	—	—

注：1. 弯芯直径的规定见《混凝土结构工程施工质量验收规范》GB 50204—2015
第 5.3.1 条。

2. 对于 HRB335、HRB400 级钢筋，虽然弯芯直径取 $4d$，但现场加工机械的
转轴固定不变，所以也可以按 HPB300 级的钢筋取值。

弯钩直线段长度根据柱、墙、梁是否抗震、受扭两种情况按
表 3-2 计算。

2）小箍筋长度计算

按照柱每边纵向钢筋均匀排放的原则计算小箍筋的短边尺
寸，同时也要注意每隔一根纵筋必须有一根纵筋位于箍筋的转角
处，当然每个纵筋都位于箍筋转角处最好，这要看设计是否需
要。从柱的耐久性和重要性考虑，柱单肢箍筋只需勾纵筋。

单肢横向箍筋长度＝（柱截面宽－$2×$保护层厚度）＋$2×135°$
弯钩长度

单肢竖向箍筋长度＝（柱截面高－$2×$保护层厚度）＋$2×135°$
弯钩长度

3）箍筋个数计算

框架柱在纵筋的非连接区、节点核芯区（框架梁与框架柱交
接的区域）、无地下室但首层有刚性地面的上、下各 500mm 高

的区域加密箍筋。

每层箍筋个数=[(本层柱底部非连接区高度-50)/加密区箍筋间距+1]+[(本层柱上部非连接区高度-50)/加密区箍筋间距+1]+[(梁高-2×50)/加密区箍筋间距+1]+(本层柱非加密区高度/非加密区箍筋间距-1)

计算依据见图 3-3。

除梁高范围内的箍筋数需单独向上取整外,其他柱身部分的箍筋个数应先求和再向上取整。对于绑扎接头还需考虑搭接区段的箍筋加密。

例题 3-1:编制本书第一章图 1-1 中 KZ1 配料表,先以计算 1 根 KZ1 下料长度为例(图中共有 9 根 KZ1)。设定条件:混凝土强度等级 C30,钢筋 HRB400 级,采用电渣压力焊,计算第六层柱钢筋(19.470~23.070m 标高)。

解: a. 纵筋计算(见 16G101-1 第 63 页)

$$柱纵筋下料长度=本层柱高 3600-本层柱底部非连接区高$$
$$度[在(H_n6/6,柱长边,500)中取大值]$$
$$+上层柱底部非连接区高度[在(H_n7/6,$$
$$柱长边,500)中取大值]$$
$$=3600-650+650=3600mm=3.6m$$

注:结合图 1-1 和图 1-2,六至十层柱净高均等于 3600-700=2900mm。

考虑 50% 的错位率,错位长度在 35d 与 500 之间取较大值。

Φ 22 钢筋,根数 N=14 根。

Φ 20 钢筋,根数 N=8 根。

b. 箍筋 ϕ 10@100/200 计算(见 16G101-1 第 64 页)

$$大箍筋长度=[(柱截面宽-2×保护层厚度)+(柱截面高-2×保护层厚度)]×2-3×90°量度差+2×135°$$
$$弯钩长度$$

$$= [(650-2\times20)+(600-2\times20)]\times2-3\times1.75$$
$$\times10+2\times(1.9\times10+10\times10)$$
$$=(610+560)\times2-52.5+2\times119$$
$$=2525.5mm，取\ 2530mm$$

大箍筋根数＝(本层柱底部非连接区－50)/加密区间距＋1＋
(本层柱上部非连接区－50)/加密区间距＋1＋
(第 7 层梁高－2×50)/加密区间距＋1＋(本层
层高－底部非连接区－上部非连接区－梁高)/
非加密区间距－1

$$=(650-50)/100+1+(650-50)/100+1+(700$$
$$-2\times50)/100+1+(3600-650-650-700)/$$
$$200-1$$
$$=7+7+7+7=28\ 个$$

双肢竖向箍筋长度＝$\{(h-2c)+[(b-2c-2d-D_c)/(n_c-$
$1)]\times j+D_c+2d\}\times2-3\times90°$量度
差＋$2\times135°$弯钩长度

$$=\{(600-2\times20)+[(650-2\times20-10\times$$
$$2-22)/(4-1)]\times1+22+2\times10\}\times2-$$
$$3\times1.75\times10+2\times(1.9\times10+10\times10)$$
$$=(560+231.4)\times2-52.5+2\times119$$
$$(231.4\ 取\ 10\ 的倍数\ 240)$$
$$=1785.5mm，取\ 1790mm$$

式中　b——柱截面宽度；

h——柱截面高度；

D_c——柱纵向钢筋直径；

m_c——柱 h 边一侧纵向钢筋根数；

n_c——柱 b 边一侧纵向钢筋根数；

j——小箍筋短边围成的纵向钢筋的间距数，按照构造规定 j 小于等于 2。

双肢竖向箍筋根数＝大箍筋根数＝28 个

双肢横向箍筋长度＝$\{(b-2c)+[(h-2c-2d-D_c)/(mc-1)]\times j+D_c+2d\}\times 2-3\times 90°$ 量度差＋$2\times 135°$ 弯钩长度

$＝\{(650-2\times 20)+[(600-2\times 20-10\times 2-22)/(6-1)]\times 1+20+2\times 10\}\times 2-3\times 1.75\times 10+2\times(1.9\times 10+10\times 10)$

$＝[610+(518/5)\times 1+20+20]\times 2-52.5+2\times 119$

$＝(610+143.6)\times 2-52.5+238$ （143.6 取 10 的倍数 150）

$＝(610+150)\times 2-52.5+238$

$＝1705.5mm$，取 $1710mm$

双肢横向箍筋个数＝大箍筋个数＝28 个

钢筋的总长和重量见配料表 3-4。

KZ1 钢筋配料表

表 3-4

工程部位：第七层　默认流水段　柱

钢筋编号	规格	钢筋图形	断料长度(mm)	根数	合计根数	总重(kg)	备注
构件名称：柱-KZ-1					构件数量：9		
构件位置：Ⓑ轴/③轴；Ⓑ轴/④轴；Ⓓ轴/③轴；Ⓒ轴/③轴；Ⓓ轴/④轴；Ⓒ轴/④轴；Ⓓ轴/⑤轴；Ⓒ轴/⑤轴；Ⓑ轴/⑤轴							
单根构件重量：325.52					总重量：2929.65		
1	φ 20	3600	3600	8	72	637.632	H边筋 1
2	φ 22	3600	3600	14	126	1354.45	纵筋 1
3	φ 10@100/200	560 ⌐610⌐	2530	28	252	393.374	柱外箍 1
4	φ 10@100/200	560 ⌐240⌐	1790	28	252	278.316	柱内箍 1
5	φ 10@100/200	610 ⌐150⌐	1710	28	252	265.878	柱内箍 2

接头统计	规格	数量	丝扣类型
	φ 20	72	
	φ 22	126	
	合计	198	

2. 梁钢筋配料单的编制（图 3-4、图 3-5）

梁钢筋长度计算（标准构造做法见 16G101-1 第 84、85、87、88、89 页）：

（1）梁通长纵筋长度＝梁总净跨长＋左、右支座锚固长度

（2）边支座纵筋长度＝梁纵筋伸入跨中净长＋左或右支座锚固长度

（3）架立筋长度＝梁净跨－左、右支座纵筋伸入跨中净长＋2×150

（4）中间支座纵筋长度＝梁纵筋伸入左、右相邻两跨的净长较大值×2＋中间支座宽度

34

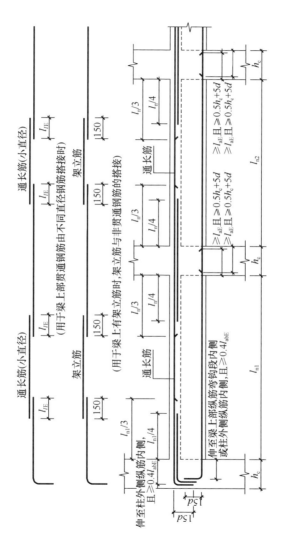

图 3-4 抗震楼层框架梁 KL 纵向钢筋构造

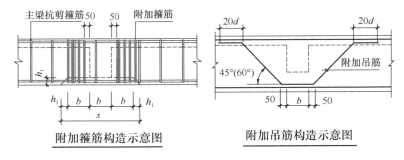

图 3-5 附加箍筋及吊筋构造示意图（17G101-11）

（5）梁侧面纵筋长度＝梁净跨长＋左、右支座锚固长度（分构造筋和抗扭筋，需分别计算）

（6）底部纵筋长度＝梁净跨长＋左、右支座锚固长度

（7）大箍筋长度和复合箍筋长度计算原则同柱

（8）拉筋长度＝（梁截面宽－2×保护层厚度）＋2×135°弯钩长度（135°弯钩长度见柱章节）

（9）吊筋下料长度＝2×斜长系数×吊筋弯起高度＋底部水平段长度＋2×19d（已考虑 4 个量度差）

（吊筋弯起高度＝梁箍筋内皮高度－10）

（当弯起角度为 45°时，斜长系数为 1.414；当弯起角度为 60°时，斜长系数为 1.731）

注：框架梁标准构造见 16G101-1 第 84、85 页，非框架梁标准构造见第 89 页，侧面钢筋标准构造做法见第 90 页。在制作钢筋时如有 90°弯钩或弯折还需扣除一个 90°的量度差。

例题 3-2：编制本书第一章图 1-2 中的 L4 钢筋配料表。设定条件：混凝土强度等级 C30，钢筋 HRB400 级，在钢筋的供应长度范围内不设接头，计算 L4 第七层楼面钢筋。

解：a. 2Φ14 上部通长纵筋长度计算

L4 上支座为 KL1（4），支座宽为 300mm，L4 上部通长筋直径为 14mm；

查 16G101-1 第 58 页得：$l_a = 35d = 35 \times 14 = 490\text{mm} >$ 支

座宽－$(c+d_b+D_b)=300-70=230$mm，需弯锚。

注：$(c+d_b+D_b)$为梁保护层厚度＋支撑梁箍筋直径＋支撑梁上部角筋直径，根据支撑梁的箍筋、纵筋直径大小可近似取 $50\sim70$mm，我们这里取70mm。

上(右)支座锚固长度在$(0.35l_{ab}+15d)$和(支座宽$-70+15d$)两者之间取大值：

$$0.35l_{ab}+15d=0.35\times490+15\times14$$
$$=171.5+210=381.5\text{mm}$$

支座宽$-70+15d=300-70+15\times14=230+210=440$mm

取440mm，弯锚还需要考虑减去一个90°量度差。

下(左)支座为 L3(1)，支座宽为300mm，计算原理同上。

下(左)支座锚固长度＝上(右)支座锚固长度＝440mm

梁净长＝$(6900-1800)-300/2-300/2=4800$mm

钢筋长度＝梁净长＋上、下支座锚固长度-2×90°量度差
$$=4800+440\times2-2\times2.07\times14$$
$$=5622.04\text{mm，取 }5630\text{mm}$$

根数 $N=2$ 根

b. 3Φ18底部通长筋长度计算

判断是否满足直锚：查 16G101-1 第89页直锚长度＝$12d=12\times18=216$mm＜支座宽$-70=300-70=230$mm，可直锚。

上(右)支座锚固长度＝$l_a=12d=12\times18=216$mm

下(左)支座同上(右)支座，锚固长度＝216mm

钢筋长度＝梁净长＋上、下支座锚固长度
$$=4800+216\times2=5232\text{mm，取 }5240\text{mm}$$

根数 $N=3$ 根

c. 箍筋Φ8@200(2)计算

查 16G101-1 第62页非抗震箍筋构造。

箍筋长度＝[(梁截面宽$-2\times$保护层)＋(梁截面高$-2\times$保护层)]$\times2-3\times90$°量度差$+2\times135$°弯钩长度

$$=[(250-2\times20)+(450-2\times20)]\times2-3\times1.75\times$$

$$8+2\times(5\times8+1.9\times8)$$

$$=620\times2-42+110.4=1308.4\text{mm}，取1310\text{mm}$$

箍筋根数＝(净跨−2×50)/箍筋间距＋1

$$=(4800-2\times50)/200+1=24.5根，取25根$$

钢筋的总长和重量见配料表 3-5。

L4 钢筋配料表　　　　　　　　　表 3-5

工程部位：第七层　默认流水段　梁

钢筋编号	规格	钢筋图形	断料长度(mm)	根数	合计根数	总重(kg)	备注
构件名称：6 号梁-L-4						构件数量：1	
构件位置：⑩轴/⑤～⑥轴							
单根构件重量：58.001　总重量：58.001							
1	Φ 18	5240	5240	3	3	31.44	ⓒ～ⓓ轴下部筋
2	Φ 14	210 5260 210	5630	2	2	13.625	ⓒ～ⓓ轴上部通长筋
3	φ 8@200（2）	410 210	1310	25	25	12.936	第 1 跨

3. 板钢筋配料单的编制

板钢筋长度计算（标准构造做法见16G101-1第99、100页）

（1）X方向底部钢筋长度＝X向净跨＋左、右支座锚固长度

X方向底部钢筋根数＝（Y向净跨－钢筋间距）/间距＋1

（2）Y方向底部钢筋长度＝Y向净跨＋左、右支座锚固长度

Y方向底部钢筋根数＝（X向净跨－钢筋间距）/间距＋1

（3）板边支座负筋长度＝负筋伸入跨内净长＋（板厚－2×保护层）＋边支座锚固长度－2×90°量度差

边支座负筋根数＝（板另一向净跨－负筋间距）/间距＋1

（4）分布钢筋长度＝板分布筋布置方向净跨－左、右支座负筋伸入跨中净长＋2×150（式中的150为分布筋与板负筋的搭接长度）

分布钢筋根数＝（另一向负筋伸入跨中净长－50）/间距＋1

（5）板中间支座钢筋（跨板负筋）长度＝负筋伸入跨中净长×2＋中间支座宽＋（板厚－2×保护层）×2－2×90°量度差

板中间支座钢筋（跨板负筋）根数同（3）边支座负筋根数计算

（6）分布钢筋（兼作温度、收缩筋）长度＝板分布筋布置方向净跨－左、右支座负筋伸入跨中净长＋2×l_l

［式中l_l为分布筋与板负筋的搭接长度，搭接长度系数取1.6。当采用HPB300级的钢筋时，端部需加做180°的半圆钩（6.25d）］。

（7）对于双层双向板，上部贯通钢筋长度＝板总净跨＋接头数×l_l＋两端边支座锚固长度

注：板标准做法见16G101-1第99页，对于构造中有90°弯钩处还需扣除一个90°的量度差（图3-6）。

例题3-3：编制本书第一章图1-3中⑤～⑥轴交Ⓒ～Ⓓ轴的LB1配料表。设定条件：混凝土强度等级C30，钢筋HRB400级，在钢筋的供应长度范围内不设接头，马凳筋的信息为

，计算LB1第七层楼面钢筋。

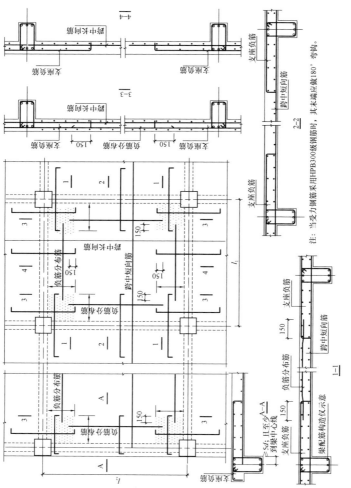

图 3-6 双向板配筋平面图

注：当受力钢筋采用HPB300级钢筋时，其末端应做180° 弯钩。

解：⑤～⑥轴交©～①轴的 LB1 为双层双向板，面筋和底筋按板净跨布置钢筋。板 X 方向左、右支座均为 KL5（3），梁宽 250mm，Y 方向上、下支座均为 KL1（4），梁宽 300mm。

a. X 向Φ 8@150 底筋计算

板标准构造见 16G101-1 第 99 页。

底筋锚固长度在 $5d$ 与（梁宽/2）之间取大值，取 250/2 =125mm。

底筋长度＝X 向净跨＋左、右支座底筋锚固长度

$$=[3000+4200-(250/2)\times 2]+125\times 2=7200mm$$

X 向底筋分布在©～①轴间，按板的净跨布置钢筋。

根数＝[(1800−2×梁宽/2−间距)/间距＋1]＋[(5100−2

×梁宽/2−间距)/间距＋1]

$$=[(1800-2\times 300/2-150)/150+1]+[(5100-2$$

$$\times 300/2-150)/150+1]$$

$$=10+32=42 \text{ 根}$$

总长度和重量见配料表 3-6。

b. Y 向Φ 8@150 底筋计算

Y 向底筋锚固长度在 $5d$ 与（梁宽/2）之间取大值，取 300/2 =150mm。

Y 向底筋长度＝净跨＋左、右支座底部锚固长度

$$=[6900-(300/2)\times 2]+150+150=6900mm$$

根数＝[(X 向净跨−2×梁宽/2−间距)/间距＋1]

$$=[(3000-2\times 250/2-150)/150+1]+[(4200-2$$

$$\times 250/2-150)/150+1]$$

$$=18.3+26.3=19+27=46 \text{ 根（分块向上取整）}$$

钢筋的布置从靠近⑤、⑥处开始，向中间摆放。在 L4 宽度

范围内还需设置 2 根长为 1800mm(6900－5100)的钢筋，钢筋的总长和重量见配料表 3-6。

c. X 向 $\Phi 8@150$ 面筋计算

查 16G101-1 第 58 页得：$l_a=35d=35×8=280$mm＞梁截面宽－$(c+d_b+D_b)=250-60=190$mm，需弯锚。

注：$(c+d_b+D_b)$ 为梁保护层厚度＋支撑梁箍筋直径＋支撑梁上部角筋直径，根据支撑梁的箍筋、纵筋直径大小可近似取 $50\sim70$mm，板取 60mm。

面筋锚固长度在$(0.6l_{ab}+15d)$与(梁截面宽－60＋$15d$)两者间取大值：

$0.6×35×8+15×8=188＜250-60+120=310$mm，取 310mm。

钢筋长度＝板净跨＋左、右支座锚固长度－2×90°量度差

$$=(3000+4200-250/2-250/2)+310×2$$

$$-2×2.07×8$$

$$=6950+620-33.12=7536.88\text{mm，取 }7540\text{mm}$$

钢筋根数同底筋根数，为 42 根。

d. Y 向 $\Phi 8@150$ 面筋计算

查 16G101-1 第 58 页得：$l_a=35d=35×8=280$mm＜梁截面宽－保护层＝300－15＝285mm，可直锚。

锚固长度＝$l_a=35d=35×8=280$mm

钢筋长度(长)＝净跨＋左、右支座锚固长度

$$=(6900-300/2-300/2)+280×2$$

$$=6600+560=7160\text{mm}$$

Y 向面筋根数同底筋根数，为 46 根通长筋和 2 根短钢筋。

短钢筋长度＝(1800－300/2－300/2)＋280×2＝2060mm，根数为 2 根。

板钢筋的总长和重量见配料表 3-6。

<h3 align="center">LB1 钢筋配料表</h3>

表 3-6

工程部位：第七层　默认流水段　现浇板

钢筋编号	规格	钢筋图形	断料长度(mm)	根数	合计根数	总重(kg)	备注
构件名称：LB-1						构件数量：1	
构件位置：ⓒ轴/⑤～⑥轴；Ⓓ轴/⑤轴；Ⓓ轴/⑥轴							
单根构件重量：10.902　总重量：10.902							
1	Φ8@1000×1000	200 80 120	600	46	46	10.902	马凳筋等
构件名称：1号板						构件数量：1	
构件位置：Ⓓ轴/⑤轴							
单根构件重量：244.536　总重量：244.536							
1	Φ8@150	7200	7200	42	42	119.448	X向底筋
2	Φ8@150	120 7330 120	7540	42	42	125.088	X向面筋
构件名称：2号板						构件数量：1	
构件位置：ⓒ轴/⑤～⑥轴							
单根构件重量：253.068　总重量：253.068							
1	Φ8@150	6900	6900	44	44	119.922	Y向底筋
2	Φ8@150	1800	1800	2	2	1.422	Y向底筋
3	Φ8@150	7160	7160	46	46	130.097	Y向面筋
4	Φ8@150	2060	2060	2	2	1.627	Y向面筋

e. 马凳筋长度＝200＋120×2＋(板厚－15×2－1×钢筋直径)×2－4×90°量度差＝200＋2400＋(120－30－8)×2－4×2.07×8＝537.76mm，取540mm。

马凳筋纵横每平方米摆放一个，按板块面积计算。

马凳筋个数＝(7.2－0.25)×(6.9－0.3)/1＝45.87/1＝45.87，取46个。

4. 简单板式楼梯配料单的编制

板式楼梯钢筋长度和根数的计算方法同板，具体构造做法见16G101-2(图3-7)。

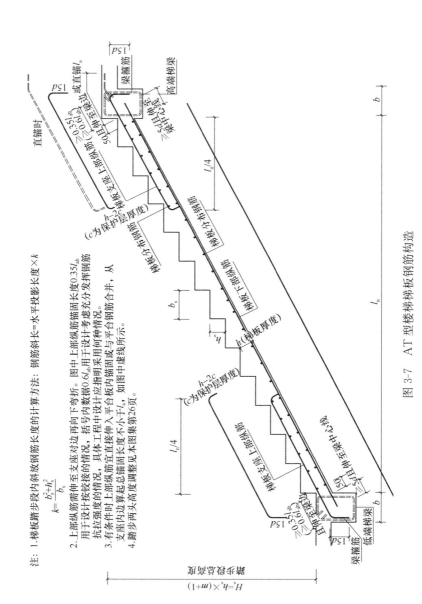

注：1. 梯板踏步段内斜放钢筋长度的计算方法：钢筋斜长＝水平投影长度×k
$$k=\frac{\sqrt{b_s^2+h_s^2}}{b_s}$$

2. 上部纵筋需伸至支座对边再向下弯折。图中上部纵筋锚固长度0.35l_{ab}用于设计按铰接的情况，括号内数据0.6l_{ab}用于充分发挥钢筋抗拉强度的情况，具体工程中设计应指明采用何种情况。

3. 有条件时上部纵筋宜伸至平台板内锚固或与平台板钢筋合并，从支座内边算起总锚固长度不小于l_a，如图中虚线所示。

4. 踏步两端头高度调整见本图集第26页。

图 3-7　AT 型楼梯梯板钢筋构造

44

例题 3-4

编制本书第一章图 1-4 中 AT3 的配料表。设定条件：混凝土强度等级 C30，钢筋 HRB400 级，TL1、TL2 截面尺寸为 200mm×400mm。

解： AT 型板式楼梯的布筋构造见 16G101-2 第 26 页，AT3 水平投影长度 3080mm，TL1、TL2 宽度 200mm，踏面宽 280mm，踢面高 1800/12 = 150mm，斜边长度系数 $k = \sqrt{h_s^2 + b_s^2}/280 = \sqrt{150^2 + 280^2}/280 = 1.135$。

a. 梯板底部钢筋：

底筋锚固长度在 5d 与（梁宽/2）之间取大值，取 200/2 =100mm。

梯板底筋长度＝k×（梯板水平投影长度＋2×锚固长度）＝1.135×（3080＋2×100）＝3722.8mm，取 3730mm。

根数＝（梯板宽－2×保护层厚度）/间距＋1＝（1600－2×15）/150＋1＝11.47，取 12 根。

钢筋的总长和重量见配料表 3-7。

底部分布筋Φ 8@250

分布筋长度＝梯板宽－2×保护层厚度＋2×180°弯钩增加值
　　　　＝1600－2×15＋2×6.25×8＝1670mm

根数＝（梯板水平投影长度×斜长系数－2×50）/间距＋1
　　　＝（3080×1.135－2×50）/250＋1＝14.5，取 15 根。

钢筋的总长和重量见配料表 3-7。

b. 梯板下端支座钢筋Φ 10@200

考虑到楼梯的重要性，伸入跨中的长度不能减小，安装时斜板上钢筋容易滑动，在这里只减去梁的一个保护层厚度。

长度＝（水平投影净跨/4＋梁截面宽－保护层）×斜长系数＋15d＋板厚－2×保护层厚度－2×90°量度差＝（3080/4＋200－20）×1.135＋15×10＋120－2×15－2×2.07×10＝950×1.135＋150＋120－30－41.4＝1276.85mm，取 1280mm。

根数＝（梯板宽－2×保护层）/间距＋1＝（1600－2×15）/200

$+1=8.85$，取 9 根。

上部分布筋 $\phi 8@250$

分布筋长度＝梯板宽－2×保护层厚度＋2×180°弯钩增加值

$=1600-2\times15+2\times6.25\times8=1670\text{mm}$

（梯段板的分布筋可不做 180°弯钩）

根数＝［（水平投影净跨/4）×斜长系数－50］/间距＋1

$=[(3080/4)\times1.135-50]/250+1=5$ 根

上端支座钢筋长度及根数同下端支座钢筋，但加工形状不同。

钢筋的总长和重量见配料表 3-7。

AT3 钢筋配料表 表 3-7

工程部位：第七层 默认流水段 楼梯

钢筋编号	规格	钢筋图形	断料长度（mm）	根数	合计根数	总重（kg）	备注
构件名称：AT-3						构件数量：1	
构件位置：							
单根构件重量：70.458 总重量：70.458							
①	$\phi 12$	3730	3730	12	12	39.747	梯板下部纵筋
②	$\phi 10$	1080 ⌐90 150∟118°	1280	9	9	7.11	下梯梁端上部纵筋
③	$\phi 8$	1570	1670	25	25	16.491	梯板分布钢筋
④	$\phi 10$	1080 62°∟150 90∟	1280	9	9	7.11	上梯梁端上部纵筋

5. 柱下独立基础配料单的编制(对称基础)

底板钢筋长度计算(标准构造做法见16G101-3第67、67页)

(1)当柱下独立基础边长＜2500mm时

X向底板钢筋长度＝X向边长－2×保护层厚度

Y向底板钢筋长度＝Y向边长－2×保护层厚度

(2)当柱下独立基础边长≥2500mm时,除外侧钢筋外,底板配筋长度可取相应方向底板长度的0.9倍

1)外侧钢筋同公式(1)计算

2)内侧钢筋长度计算

X向底板钢筋长度＝X向边长×0.9

Y向底板钢筋长度＝Y向边长×0.9

例题3-5: 编制本书第一章图1-5中DJ_J5的配料表。设定条件:混凝土强度等级C30,钢筋HRB400级。

解: 由于DJ_J5底板边长为3200mm,大于2500mm,且为对称基础,所以除基础外边缘钢筋不折减长度外,其他内侧钢筋长度按基础边长缩减10%。

a.X向钢筋

(a)X向外侧钢筋不缩减

钢筋长度＝基础长度－2×保护层厚度

＝3200－2×40＝3120mm

根数＝2根

(b)内侧钢筋缩减10%

钢筋长度＝基础长度×0.9＝3200×0.9＝2880mm

根数＝[基础宽度－2×(在间距/2与75之间取小值)]/间距

＋1－2

＝(3200－2×75)/150＋1－2＝19.3,取20根。

b.Y向钢筋

计算同X向钢筋。

钢筋的总长和重量见配料表3-8。

工程部位：基础层　　默认流水段　　独立基础

钢筋编号	规格	钢筋图形	断料长度(mm)	根数	合计根数	总重(kg)	备注
构件名称：DJ-5						构件数量：1	
构件位置：Ⓑ轴/③轴							
单根构件重量：154.493　　总重量：154.493							
1	Φ 14@150	3120	3120	4	4	15.101	DJ-1-1.横向底筋；纵向底筋
2	Φ 14@150	2880	2880	40	40	139.392	DJ-1-1.横向底筋；纵向底筋

（四）计算机软件编制配料单

1. 下料软件的介绍

钢筋翻样软件，是编程技术人员专为钢筋工程开发的施工计算软件，使用这种软件处理数据，要比手工计算快几十倍。以工具化施工现场钢筋翻样软件始终坚持工具化软件的开发理念，表格工具化、计算工具化、识图工具化，一环扣一环，环环以人为主，为翻样人员提供最合手的工具。

（1）广联达云翻样

广联达钢筋施工翻样软件 GFY 是一款替代翻样人员手工翻样的高效工具软件，通过绘制或导入 CAD 电子图纸、预算工程快速建立建筑模型，按照规范和施工要求自动完成各类构件的翻样计算。该软件具有处理范围广、计算结果准确、呈现形式直观、断料方案合理的特点，能替代翻样人员 90% 以上的工作量，可以实现高效、轻松、专业的翻样工作（图 3-8）。

图 3-8　广联达云翻样

（2）鲁班下料

鲁班下料是一款可用于现场钢筋下料的专业软件。软件模拟过程中加入经验做法使计算结构更具有实用性。清单配备施工简图，复杂节点施工极为方便。鲁班下料支持 3D 模型中直接修改钢筋图形或参数，并与相应报表联动。同时，其内置的加工断料组合系统可以大幅降低钢筋加工损耗（图 3-9）。

图 3-9　鲁班下料软件

2. 下料软件的应用

下料软件采用"广联达云翻样软件"，以《混凝土结构平法施工图实例图集》工程图为例，编制二层 KZ5 的配料单。

（1）柱定义的方法

1）打开软件，在绘图输入的树状构件列表中选择"柱"，单击"定义"，见图 3-10。

图 3-10　新建柱

2）进入定义界面，按照图纸数据，新建 KZ5。点击"新建"，选择"新建矩形柱"，新建 KZ5，右侧"属性编辑"中根据图纸输入数据。

① 名称：软件默认 KZ1 顺序生成，根据所需更改为 KZ5，见图 3-11。

② 类别：根据图纸选择相应的柱类型，

此处为"框架柱"，见图 3-12。

③ 截面尺寸：根据图纸，截面宽：500mm，截面高：

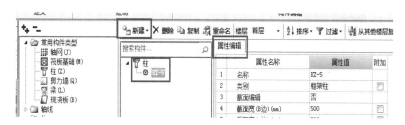

图 3-11　定义柱图

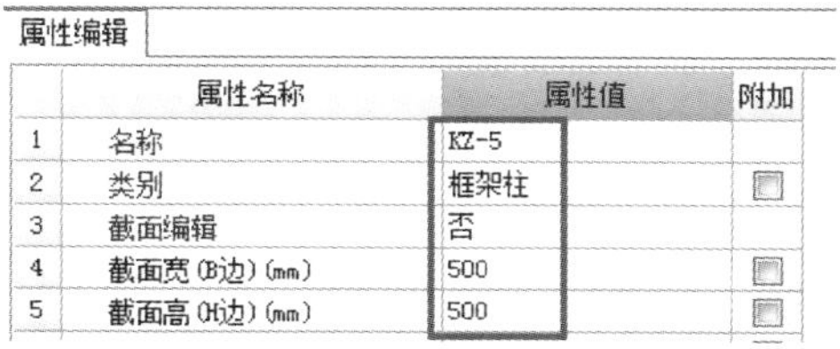

	属性名称	属性值	附加
1	名称	KZ-5	
2	类别	框架柱	
3	截面编辑	否	
4	截面宽 (B边) (mm)	500	
5	截面高 (H边) (mm)	500	

图 3-12　属性编辑（1）

500mm，见图 3-12。

④ 角筋：根据图纸，此处输入"4C16"，见图 3-13。

⑤ B边一侧中部钢筋：根据图纸，此处输入"2C16"，见图 3-13。

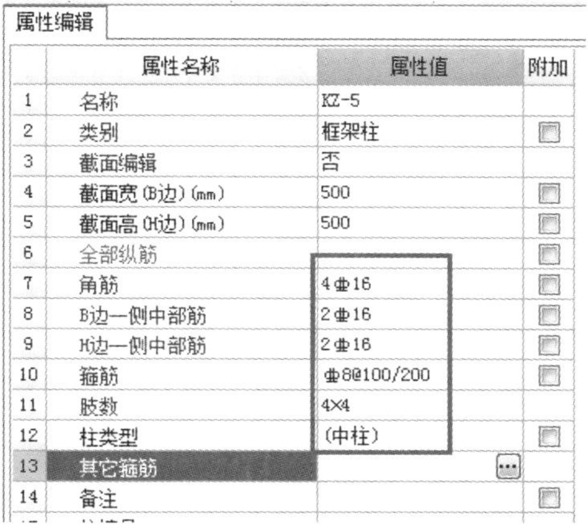

	属性名称	属性值	附加
1	名称	KZ-5	
2	类别	框架柱	
3	截面编辑	否	
4	截面宽 (B边) (mm)	500	
5	截面高 (H边) (mm)	500	
6	全部纵筋		
7	角筋	4 Φ16	
8	B边一侧中部筋	2 Φ16	
9	H边一侧中部筋	2 Φ16	
10	箍筋	Φ8@100/200	
11	肢数	4×4	
12	柱类型	(中柱)	
13	其它箍筋		...
14	备注		

图 3-13　属性编辑（2）

⑥ H 边一侧中部钢筋：根据图纸，此处输入"2C16"，见图 3-13。

⑦ 箍筋：根据图纸，此处输入"C8@100/200"，见图 3-13。

⑧ 肢数：根据图纸，此处输入"4×4"，见图 3-13。

⑨ 柱类型：柱类型对于顶层柱的顶部锚固和弯折有影响，关系计算结果。中间层均按中柱计算，定义是不用修改，绘制顶层柱后，使用"自动判断边角柱"功能判断柱类型。

⑩ 附加：在每个构件属性的后面显示可选择的方框，被勾选将被附加到构件后面，方便查找，见图 3-14。

图 3-14　属性编辑（3）

（2）柱的绘制方法

1）"点"画法

① 框架柱定义完成后，单击"绘图"，进入到绘图界面，见图 3-15。

② 进入绘制界面后，软件默认"点"画法，根据图纸，准确找到柱的位置，点式绘制 KZ5。具体操作：鼠标左键选择③轴与Ⓑ轴的交点，点击绘制。"点"绘制，是柱最常用的绘制方式，在绘制过程中可在工具栏切换柱构件，方便绘制，见图 3-16、图 3-17。

图 3-15　点绘制柱（1）

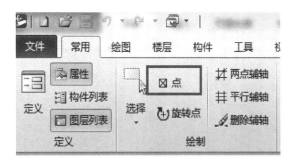

图 3-16　点绘制柱（2）

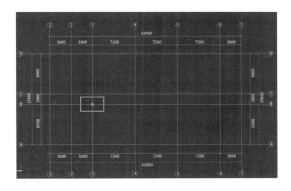

图 3-17　点绘制柱（3）

2）查改标注绘制柱

① 框架柱定义完成后，单击"绘图"，进入到绘图界面。

② 进入绘制界面后，根据图纸，准确找到柱的位置，点击绘制柱。右键退出。

③ 左键选中需要修改标注的柱，右键选择"查改标注"，根据图纸，修改标注数据。输入完成后，右键完成即可，见图 3-18。

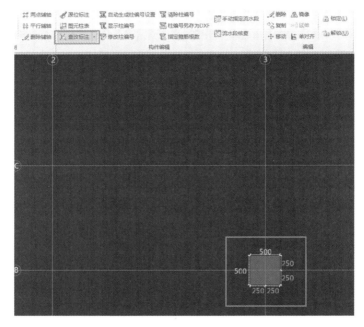

图 3-18　查改标注

3）偏移绘制柱

① 框架柱定义完成后，单击"绘图"，进入到绘图界面。

② 进入绘制界面后，根据图纸，准确找到柱的位置，使用"Shift＋鼠标左键"，相对于基准点偏移绘制。具体操作：将鼠标放在③轴与Ⓑ轴的交点处，同时按下键盘上的"Shift"键和鼠标左键，弹出"输入偏移量"对话框，根据图纸，输入相应偏

移量，确定即可，见图3-19。

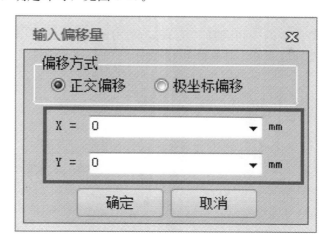

图 3-19　偏移绘制柱

4）智能布置柱

① 框架柱定义完成后，单击"绘图"，进入到绘图界面。

② 当图中某区域轴线相交的柱相同的时候，可采用"智能布置"的方法来绘制柱。操作方法：选择绘制的柱，单击绘图工具栏的"智能布置"，选择按"轴线"布置，框选需要布置柱的范围，单击右键确定，则软件自动在所选定范围的轴线内轴线相交处布置所选择绘制的柱，见图3-20。

5）镜像

① 如果柱是对称分布的情况，可使用绘图菜单中的"镜像"

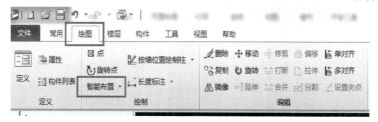

图 3-20　智能布置柱（轴线）

功能来进行对称复制，提高工作效率。

②点选或框选需要镜像的柱，右键选择"镜像"或左键点击绘制菜单中的按钮选择"镜像"，利用鼠标选择两点对称轴，单击右键确定即可。对称轴可用"平行辅轴"的绘制来完成，见图3-21。

图3-21　镜像（1）

③点击对称轴后，弹出"是否删除原图元"对话框，根据实际情况进行选择，见图3-22。

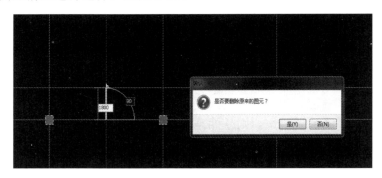

图3-22　镜像（2）

梁、板、剪力墙、基础构件的定义与绘制见广联达云翻样软件。

四、钢 筋 加 工

（一）机械加工钢筋

钢筋加工包括冷拉、冷拔、冷轧、除锈、调直、切断、弯曲成型等。

1. 钢筋的冷加工

1）钢筋冷加工有冷拉、冷拔和冷轧三种方式，冷加工可提高钢筋强度，节约钢材，满足预应力钢筋的需要，但同时也降低钢筋的延伸率。本部分主要讲述钢筋冷拉。钢筋冷拉是在常温下对钢筋进行强力拉伸，拉应力超过钢筋的屈服强度，使钢筋产生塑性变形，以达到调直钢筋、提高强度的目的。

2）冷拉设备：

冷拉设备由拉力设备、承力结构、回程装置、测量设备和钢筋夹具等组成，如图 4-1 所示。拉力设备由卷扬机和滑轮组组

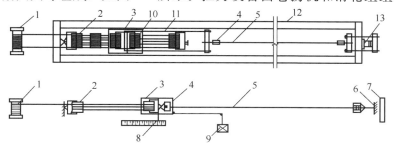

图 4-1　冷拉设备

1—卷扬机；2—滑轮组；3—冷拉小车；4—夹具；5—被冷拉的钢筋；
6—地锚；7—防护壁；8—标尺；9—回程荷重架；10—回程滑轮组；
11—传力架；12—机身钢梁；13—液压千斤顶

57

成，多用 3~5t 的慢速卷扬机；承力结构可采用地锚，冷拉力大时可采用钢筋混凝土冷拉槽；回程装置可用回程荷重架或回程滑轮组；测量设备常用液压千斤顶或电子秤。

3）冷拉控制方法：

钢筋的冷拉控制方法有控制冷拉应力法和控制冷拉率法。20世纪我国钢铁产量低，用于建筑工程的钢产量更低，因此施工现场常采用冷加工的办法提高钢筋强度，以节约钢筋。但由于目前我国钢产量大，且钢筋生产技术先进，高强度小直径的钢筋以及低松弛高强度的预应力钢丝、钢绞线都能在工厂生产，所以无须在施工现场冷加工钢筋制作预应力筋，而只是用冷拉的方法除锈和调直。

2. 钢筋除锈

钢筋表面要洁净，无粘着的油污、泥土、浮锈等，使用前必须清理干净。钢筋的除锈方法有冷拉除锈、机械方法或手工除锈等。经冷拉或机械调直的钢筋一般不必再除锈，如果由于保管不良而产生鳞片状锈蚀时，仍应进行除锈（除锈后的钢筋不能按原直径使用，应送检测部门检测钢筋重量损失百分率，以确定钢筋的可使用直径）。

3. 钢筋调直机

钢筋调直的方法有钢筋调直机调直和冷拉调直。经调直后的钢筋不得有局部弯曲、死弯、小波浪形，其盘卷钢筋调直后的断后伸长率及重量偏差率要求见表 4-1。图 4-2 所示为 YGT4/14 型液压钢筋调直切断机外形图。

（1）调直机调直时，调直筒两端的调直模一定要在调直前后导孔的轴心线上。

（2）采用冷拉方法调直钢筋的冷拉率：HPB300 级筋冷拉率不宜大于 4%；HRB335、HRB400 级筋冷拉率不宜大于 1%；对不允许采用冷拉钢筋的结构，钢筋调直冷拉率不得大于 1%。

图 4-2 某数控液压钢筋调直切断机

盘卷钢筋调直后的断后伸长率及重量偏差要求　　　　表 4-1

钢筋牌号	断后伸长率 A（%）	重量偏差（%）	
		直径 6～12mm	直径 14～16mm
HPB300	≥21	≥-10	—
HRB335、HRBF335	≥16	≥-8	≥-6
HRB400、HRBF400	≥15		
RRB400	≥13		
HRB500、HRBF500	≥14		

注：断后伸长率 A 的量测标距为 5 倍钢筋直径。

4. 钢筋切断机

（1）钢筋切断

钢筋切断就是把钢筋原材或者已用机械调直的（盘卷）钢筋按照现场下料单的长度进行切断。

（2）切断方法

根据钢筋直径大小，钢筋切断分为手工切断和机械切断。

1）手工切断：工人使用手工钳剪断直径 12mm 以下的钢筋。

2）机械切断：分为普通切断机（图 4-3）切断和平头切断机（图 4-4）切断。

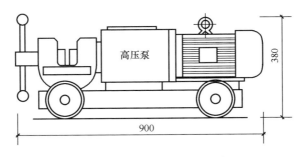

图 4-3 DYQ32B 电动液压切断机

图 4-4 GQ50 电动液压平头切断机（带圆弧刀片）

普通钢筋切断机方便钢筋切断，钢筋的切口截面不圆整、不平直、有棱角，不利于钢筋机械连接；为了满足现场钢筋机械连接的效率及质量，采用钢筋平头切断机（带圆弧刀片）切断需要采用机械连接的钢筋，切断后的钢筋截面垂直于钢筋中线，保证钢筋切断面平直、圆整，提高钢筋机械连接的质量。

（3）切断要点

1）钢筋切断应根据钢筋牌号、直径、长度和数量，统筹排料，长短搭配，先断长料，后断短料，尽量减少和缩短钢筋短头，以节约钢材。

2）断料时应避免用短尺量长料，防止在量料中产生累计误差。故宜在工作台上标出尺寸刻度线并设置控制断料尺寸用的挡板。

3）在切断过程中，若钢筋有劈裂、缩头或严重的弯头等必须切除。钢筋的断口不得有马蹄形或起弯等现象。

（4）切断机安全使用规定

1）切断机械使用前准备

① 机械的安装应坚实稳固。固定式机械应有可靠的基础；移动式机械作业时应楔紧行走轮。

② 室外作业应设置机棚，机旁应有堆放原料、半成品、成品的场地。

③ 加工较长的钢筋时，应有专人帮扶，并听从操作人员指挥，不得任意推拉。

2）安全使用操作要点

① 接送料的工作平台面应和切刀下部保持水平，工作台的长度应根据加工材料长度确定。

② 启动前，应检查并确认切刀无裂痕，刀架螺栓紧固，防护罩牢靠。然后手动转动皮带轮，检查齿轮啮合间隙，调整切刀间隙。

③ 检查设备的传动系统以及运动部分的润滑情况是否有异常现象。启动后，应先空运转一段时间，确认各传动部分及轴承运转正常后，方可作业。

④ 切料时，应使用切刀的中、下部位，紧握钢筋对准刃口迅速投入，操作者应站在固定刀片一侧用力压住钢筋，防止钢筋末端弹出伤人。严禁用两手分在刀片两边握住钢筋俯身送料。

⑤ 不得切断超过机械铭牌规定强度及最大直径的钢筋。一次切断多根钢筋时，其总截面积应在规定范围内。

⑥ 钢筋切断机上的固定刀片和活动刀片的水平间隙一定要保持在规定的范围内，除此之外，两个刀片的重叠量应该根据需要切断的钢筋直径确定。如果水平间隙过大，则切断的钢筋端部会产生马蹄形。

⑦ 切断短料时，手和切刀之间的距离应大于 150mm，并应采用套管或夹具将切断的短料压住或夹牢。

⑧ 机械使用时，禁止用手直接清除切刀附近的断头和杂物。在机械和切刀周围严禁非操作人员逗留。

⑨ 当发现机械运转过程中有异响或切刀歪斜等不正常现象时，应立即停机检查。

⑩ 液压传动式切断机作业前，应检查并确认液压油位及电动机旋转方向符合要求。启动后，应空载运转 2min，打开放油阀，排出液压缸内空气，然后拧紧，才可进行切断作业。

⑪ 手动液压式切断机使用前，应将放油阀按顺时针方向旋紧，切断完毕以后，应立即按逆时针方向旋松。作业中，手应抓稳切断机，并戴好绝缘手套。

⑫ 作业后，应关闭电源，用钢刷清除切刀间的杂物并对切断机进行清洁、润滑。

⑬ 相关操作人员在进行检修、操作以及为钢筋切断机做清洁维护工作的时候，必须戴好符合标准的绝缘手套。

5. 钢筋弯箍机

钢筋弯箍机是一种小直径钢筋使用的钢筋弯曲设备，分机械式弯箍机和液压式弯箍机（图 4-5）两大类；具有弯曲工序简化、工作效率高、角度调整直接明了、弯曲整齐的特点。

（1）弯箍机安全使用规定

1）检查机械性能是否良好，工作台和弯箍机台面是否保持水平，并准备好各种芯轴和工具。

2）按加工钢筋的直径和弯箍机的要求装好芯轴，调整可变挡快，芯轴直径应根据钢筋的强度等级确定；如 HPB300级钢筋，芯轴直径取 2.5 倍钢

图 4-5　某液压式弯箍机

筋直径，HRB335、HRB400 级带肋钢筋，芯轴直径取 4 倍钢筋直径（目前市场供应的弯箍机的芯轴固定直径为 20mm，可加套筒直径 30mm 两种规格）。

3）检查芯轴、挡块应无损坏和裂纹，经空机运转确认正常后方可作业。

4）作业时，将钢筋需弯的一头放在挡板与芯轴的间隙内，保持直线并用手将另一端压紧，确定无误后方可开动弯箍。

5）作业中严禁更换芯轴和变角度以及调速，亦不得加油或清除异物。

6）弯箍时，严禁加工超过铭牌规定的钢筋直径、根数。

7）弯曲低合金钢筋时，应按照机械铭牌规定换算标注最大限制直径，并调换相应的芯轴。

8）非操作人员严禁在弯曲钢筋的作业半径内和机身不设固定的一侧停留，弯曲好的半成品应堆放整齐。

（2）弯箍机加工构件箍筋的步骤

1）确定制作箍筋的 5 个控制点（图 4-6）

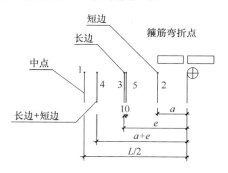

图 4-6　制作箍筋的 5 个控制点

① 点 1：箍筋下料长度 $L/2$。

② 点 2：a＝梁、柱截面宽 b－2×$(c+5)$－90°弯折调整值 10。

③ 点 3：e＝梁、柱截面高 h－2×$(c+5)$＋135°弯折调整值 0。

④ 点 4：$a+e$＝$b+h$－2×2×$(c+5)$－90°弯折调整值 10＋

135°弯折调整值0。

⑤ 点5：$e-90$°弯折调整值10。

2）弯箍机加工箍筋的步骤（图4-7）

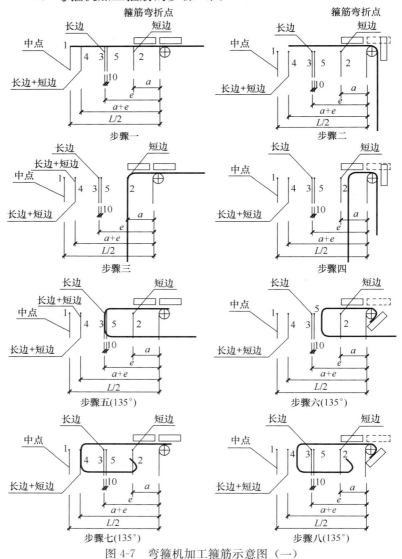

图4-7 弯箍机加工箍筋示意图（一）

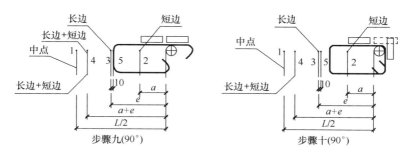

图 4-7 弯箍机加工箍筋示意图（二）

例题 4-1：计算图 4-8 TL-1 立面图中④号筋的各个弯折加工控制点。

解：a.④号筋下料长度计算

按第三章的箍筋计算公式计算下料长度会比较繁琐，可简化为：

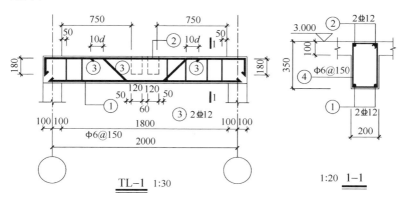

图 4-8　TL-1 立面图

$$L = [b - 2 \times (c + 5)] \times 2 + [h - 2 \times (c + 5)] \times 2 + 2 \times 135°$$
弯钩经验长度

（a）抗震、受扭钢筋 135°弯钩经验长度：

直径为 6mm 时取 80mm，直径为 8mm 取 90mm，直径为 10mm 取 110mm，直径为 12mm 取 130mm。

（b）非抗震、非受扭钢筋 135°弯钩经验长度：

直径为 6mm 取 40mm，直径为 8mm 取 50mm，直径为 10mm 取 60mm。

④ 号筋下料长度＝[200－2×（20＋5）＋350－2×（20＋5）]×2＋2×40＝980mm

a. ④号筋 5 个控制点的计算

点 1：980/2＝490mm；点 2：$a＝200－2×（20＋5）－10＝140$mm；

点 3：$e＝350－2×（20＋5）－0＝300$mm；点 4：$a＋e＝140＋300＝440$mm

点 5：$e－90°$弯折调整值 $10＝300－10＝290$mm；其加工过程如图 4-8 所示。

6. 钢筋弯曲机

钢筋弯曲机是钢筋弯曲加工机械之一（图 4-9），分半自动弯曲机和全自动弯曲机两大类；具有弯曲工序简化、工作效率高、角度调整直接明了的特点；适用于建筑工程上加工各种由普通碳素钢、普通低合金钢轧制的钢筋并能制成各种几何尺寸的钢筋半成品。

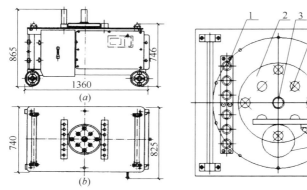

图 4-9 GW40 型钢筋弯曲机

1—挡铁轴孔；2—圆轮；3—芯轴孔；4—成型轴；5—启动销钉；
6—滚轴；7—孔眼条板；8—钢筋；9—分离式挡板；10—凸轮

（1）弯曲机安全使用规定

1）作业前，应检查工作台和弯曲机台面是否保持水平，并准备好各种芯轴和工具。作业时，应将钢筋需弯一端插入转盘固定销的间隙内，另一端紧靠机身固定销，并用手按紧；必须检查机身固定销并确认其安放在挡住钢筋的一侧，方可开动。弯曲比较长的钢筋时，要安排专人扶住钢筋，扶筋人员要听从操作人员的指挥，不能任意推拉。在运转中，如发现卡盘振动，电机温度升高超过规定值等异状时，应立即关闭电源，停机检查。

2）作业过程中，严禁更换芯轴、销子和变换角度以及调速，不得进行清扫和添加润滑油。

3）对超过机械铭牌规定直径的钢筋严禁进行弯曲加工。弯曲带有锈皮钢筋时，应戴防护镜。

4）弯曲高强度或低合金钢筋时，应按机械铭牌规定换算最大允许直径并应调换相应的芯轴。

5）在弯曲钢筋的作业区内严禁无关人员停留，作业半径内和机身不设固定插销的一侧禁止站人。

6）转盘换向时，应待停稳以后进行。

7）工作完成以后要把开关打到停位，断掉电源，整理机具，将弯曲好的半成品以及成品钢筋码放整齐，弯钩不要朝上，并清扫杂物和铁锈。

（2）弯曲机加工步骤（以吊筋为例，如图4-10所示）

例题4-2：加工图4-7TL-1中③号筋（吊筋）

解：计算③号筋下料长度

③号筋弯起高度＝350－2×（20＋5）－2×6－10＝278mm，取280mm。

下料长度＝2×120＋2×280×1.41＋400－4×0.5×6＝1406mm

每个45°的量度差取0.5d＝3mm，钢筋加工简图及钢筋分配尺寸见图4-11，加工过程见图4-10。

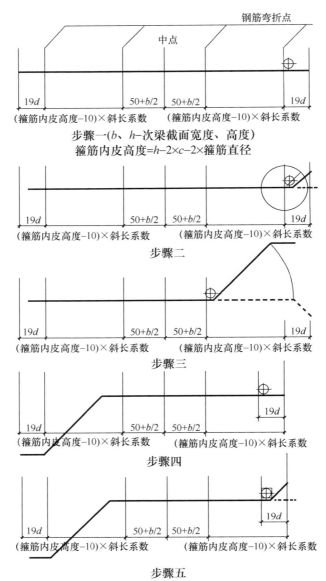

图 4-10 吊筋加工示意图（一）

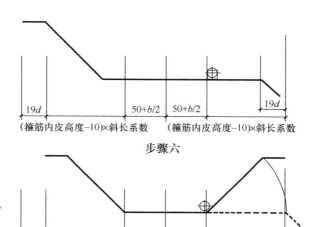

步骤六

步骤七

图 4-10 吊筋加工示意图（二）

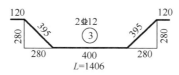

③ 钢筋加工简图

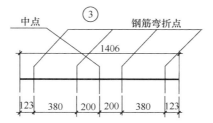

③ 钢筋弯折点划分简图

图 4-11 ③号筋加工示意图

7. 钢筋加工的质量验收标准与抽样检查

（1）受力钢筋的弯钩和弯折规定

1）HPB300 级钢筋末端应做 180°弯钩，其弯弧内直径不应小于钢筋直径的 2.5 倍，弯后平直部分长度不应小于钢筋直径的 3 倍。

2）当设计要求钢筋末端需做 135°弯钩时，HRB335、HRB400 级钢筋的弯弧内直径不应小于钢筋直径的 4 倍，弯后平直部分长度应符合设计要求。

3）钢筋做不大于 90°的弯折时，弯折处的弯弧内直径不应小于钢筋直径的 5 倍。

4）检查数量：同一设备加工的同一类型钢筋，每工作班抽查不应少于 3 件。检验方法：钢尺检查。

（2）箍筋末端弯钩的规定

除焊接封闭环式箍筋外，箍筋的末端应做弯钩，弯钩形式应符合设计要求；当设计无具体要求时，应符合下列规定：

1）箍筋弯钩的弯弧内直径应满足《混凝土结构工程施工质量验收规范》GB 50204—2015 的相关规定。

2）箍筋弯钩的弯折角度，按现行《混凝土结构施工图平面整体表示方法制图规则和构造详图》G101 系列、《混凝土结构施工钢筋排布规则与构造详图》G901 系列图集要求进行加工。

3）箍筋弯后平直部分长度，对一般结构，不小于箍筋直径的 5 倍；对有抗震、抗扭要求的结构构件，不应小于箍筋直径的 10 倍。

4）检查数量：按同一设备加工的同一类型钢筋，每工作班抽查不应少于 3 件。

检验方法：钢尺检查。

（3）钢筋调直

1）当采用冷拉方法调直钢筋时，HPB300 级钢筋的冷拉率不宜大于 2%，HRB335、HRB400 和 RRB400 级钢筋的冷拉率不宜大于 1%。

2）检查数量：按同一设备加工的同一类型钢筋，每工作班抽查不应少于 3 件。检查方法：观察、钢尺检查。

（4）钢筋加工形状、尺寸

1）钢筋加工的形状、尺寸应符合设计要求，其偏差应符合表 4-2 的规定。

2）检查数量：按同一设备加工的同一类型钢筋，每工作班抽查不应少于 3 件。

检查方法：观察、钢尺检查。

钢筋加工的允许偏差 表 4-2

项　　目	允许偏差（mm）
受力钢筋沿长度方向的净尺寸	±10
弯起钢筋的弯折位置	±20
箍筋外廓尺寸	±5

（二）钢 筋 焊 接

1. 钢筋焊接连接方式

钢筋常用的焊接方法有闪光对焊、电渣压力焊、电弧焊、埋弧压力焊、电阻点焊和气压焊等。埋弧压力焊用于钢筋和钢板的连接，电阻点焊用于交叉钢筋的连接。

2. 钢筋闪光对焊机

（1）闪光对焊

将两根钢筋安放成对接形式，利用焊接电流通过两根钢筋接触点产生的电阻热使接触点金属熔化，形成闪光，火花四溅，迅速施加顶锻力完成的一种压焊方法（图 4-12）。闪光对焊适用于纵向

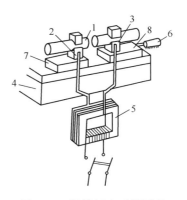

图 4-12　钢筋闪光对焊原理
1—焊接的钢筋；2—固定电极；
3—可动电极；4—机座；5—变压器；
6—平一动顶压机构；7—固定支座；
8—滑动支座

水平钢筋的连接。

（2）操作工艺

根据钢筋品种、直径和所用焊机功率大小选用连续闪光焊、预热闪光焊、闪光—预热—闪光焊。对于可焊性差的钢筋，对焊后宜采用通电热处理措施，以改善接头塑性。

1）连续闪光焊：工艺过程包括连续闪光和顶锻过程。施焊时，先闭合一次电路，使两钢筋端面轻微接触，此时端面的间隙中即喷射出火花般熔化的金属微粒（闪光），接着徐徐移动钢筋使两端面仍保持轻微接触，形成连续闪光。当闪光到预定的长度，使钢筋端头加热到将近熔点时，就以一定的压力迅速进行顶锻，然后灭电顶锻到一定长度，焊接接头即完成。

2）预热闪光焊：工艺过程包括预热、闪光及顶锻等过程。预热方法有连接闪光预热和电阻预热两种。连续闪光预热是使两根钢筋面交替地轻微接触和分开，发出断续闪光来实现预热；电阻预热是在两根钢筋端面通脉冲交流电，以产生电阻热（不闪光）来实现预热，此方法所需功率较大。二次闪光与顶锻过程同连续闪光焊。

3）闪光—预热—闪光焊：是在预热闪光焊前加一次闪光过程。其工艺过程包括一次闪光、预热、二次闪光及顶锻等过程，施焊时首先连续闪光，使钢筋端部闪平。之后的流程同预热闪光焊。焊接钢筋直径较粗时，宜用此方法。

4）焊后通电热处理：焊后松开夹具，放大钳口距，再夹紧钢筋；接头降温至暗黑后，即采取低频脉冲式通电加热；当加热至钢筋表面呈暗红色或橘红色时，通电结束；松开夹具，待钢筋冷却后取下钢筋。

5）为了获得良好的对焊接头，应合理选择对焊参数。焊接参数包括调伸长度、闪光留量、闪光速度、顶锻留量、顶锻速度、顶锻压力及变压级次。采用预热闪光焊时，还要有预热留量与预热频率等参数。

6）对焊前应清除钢筋端头约150mm范围的铁锈、污泥等，防止夹具和钢筋间接触不良而引起"打火"。钢筋端头有弯曲时应予调直及切除。

（3）对焊注意事项

1）当调换焊工或更换焊接钢筋的规格和品种时，应先制作对焊试件（不少于 2 个）进行冷弯试验，合格后，方能成批焊接。

2）焊接完成，应在接头红色变为黑色后才能松开夹具，平稳地取出钢筋，以免引起接头弯曲。

（4）钢筋闪光对焊机安全使用规定

1）断路器的接触点、电极应定期磨光，二次电路全部连接螺栓应定期紧固。冷却水温度不得超过 40℃；排水量应根据温度调节。

2）焊接较长钢筋时，应设置托架，配合搬运钢筋的操作人员，在焊接时应防止火花烫伤。

3）闪光区应设挡板，与焊接无关的人员不得入内。

4）焊接操作及配合人员必须按规定穿戴劳保用品，并必须采取防触电、高空坠物、瓦斯中毒和火灾等事故的安全措施。

5）对焊机应安置在室内或防雨的工棚内，并应有可靠的接地或接零。当多台对焊机并列安装时，相互间距离不得小于 3m，并应分别接在不同相位的电网上，且分别设置各自的断路器。

6）焊接前，工作人员应检查并确认对焊机压力机构是否灵活，夹具是否套牢，气压、液压系统是否有泄漏，如发现问题，需由专业人员进行检测维修。

7）应根据所焊接钢筋的截面，调整二次电压，不得焊接超过对焊机铭牌规定直径的钢筋。

8）冬季使用对焊机时，温度不应低于 8℃。作业后，应放尽机内冷却水。

3. 钢筋点焊机

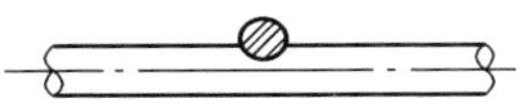

钢筋点焊是用于点焊钢筋网片或钢筋骨架的专用焊接（图 4-13），先将

图 4-13　点焊工作原理

钢筋的交叉部分置于点焊机的两个电极间，然后通电，钢筋升温至一定高度后熔化，最后加压使交叉处钢筋焊接在一起；用以替代人工扎丝绑扎，既节约了金属材料，又提高了工作效率。

（1）操作工艺

钢筋点焊机按用途分类可分为万能式（通用式）、专用式点焊机，工艺过程为开通冷却水，将焊件表面清理干净，装配准确后，送入上、下电极之间，施加压力，使其接触良好；通电使两工件接触表面受热，熔化，形成熔核；断电后保持压力，使熔核在压力下冷却凝固形成焊点；去除压力，取出工件。焊接电流、电极电压、通电时间及电极工作表面尺寸等点焊工艺操作对焊接质量有重大影响；焊接循环点焊和凸焊的焊接循环有四个基本阶段（点焊过程）。

1）预压阶段——电极下降到电流接通阶段，确保电极压紧工件，使工件间有适当压力。

2）焊接阶段——焊接电流通过工件，产热形成熔核。

3）维持阶段——切断焊接电流，电极压力继续维持至熔核凝固到足够强度。

4）休止阶段——电极开始提起到电极再次开始下降，开始下一个焊接循环。

（2）改善焊接接头性能

1）加大预压力以消除厚工件之间的间隙，使之紧密贴合。

2）用预热脉冲提高金属的塑性，使工件易于紧密贴合、防止飞溅；凸焊时这样做可以使多个凸点在通电焊前与平板均匀接触，以保证各点加热的一致。

（3）钢筋点焊机安全使用规定

1）作业前，首先应清除上、下两电极的油污，再接通控制线路的转向开关和焊接电流的开关，调整好极数，最后按顺序接通水源、气源、电源。

2）焊机通电后，应检查并确认电气设备、操作机构、冷却系统、气路系统工作正常，不得有漏电现象。

3）作业时，气路、水冷系统应畅通；气体应保持干燥；排水温度不得超过 40℃，排水量可根据水温调节。

4）严禁在引燃电路中加大熔断器。当负载过小，引燃管内电弧不能发生时，不得闭合控制箱的引燃电路。

5）正常工作的控制箱的预热时间不得少于 5min，当控制箱长期停用时，每月应通电加热 30min。更换闸流管前，应预热 30min。

4. 电渣压力焊

电渣压力焊是利用电流通过渣池产生的电阻热将钢筋端部熔化，然后施加压力使钢筋焊合。其构造如图 4-14 所示。

（1）施工准备

1）钢筋应有出厂合格证，试验报告性能指标应符合有关标准或规范的规定。钢筋的验收和加工应按有关的规定进行。

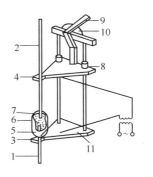

图 4-14　电渣压力焊
构造示意图

1、2—钢筋；3—固定电极；
4—活动电极；5—药盒；
6—引弧钢丝圈；7—焊药；
8—滑动架；9—手柄；
10—支架；11—固定架

2）电渣压力焊焊接使用的钢筋端头应平直、干净，不得有马蹄形、压扁、凹凸不平、弯曲歪扭等严重变形。如有严重变形时，应用手提切割机切割或用气焊切割、矫正，以保证钢筋端面垂直于轴线。钢筋端部 200mm 范围内不应有锈蚀、油污、混凝土浆等污染，受污染的钢筋应清理干净后才能进行电渣压力焊焊接。处理钢筋应在当天进行，防止处理后再生锈。

3）电渣压力焊焊剂须有出厂合格证，化学性能指标应符合有关规定。若受潮时，在使用前，须经 250～350℃烘焙 2h，焊剂回收重复使用时，应除去熔渣和杂物并经干燥。

（2）机具设备

1）焊接夹具：应具有一定的刚度，使用灵巧、坚固耐用，上、下钳口同心。焊接电缆的断面面积应与焊接钢筋大小相适应。焊接电缆以及控制电缆的连接处必须保持良好接触。

2）焊剂盒：应与所焊钢筋直径大小相适应。

3）石棉绳：用于填塞焊剂盒安装后的缝隙，防止焊剂盒焊剂泄漏。

4）钢丝球：用于引燃电弧。用 22 号或 20 号镀锌钢丝绕成直径约为 10mm 的圆球，每焊一个接头用一颗。

（3）电渣压力焊机操作工艺

1）电渣压力焊的工艺程序为：安装焊接钢筋—安放引弧钢丝球—缠绕石棉绳—装上焊剂盒—装放焊剂—接通电源。

2）电渣压力焊工艺分为"造渣过程"和"电渣过程"，这两个过程是不间断的连续操作过程。

3）"造渣过程"是接通电源后，上、下钢筋端面之间产生电弧，焊剂在电弧周围熔化，在电弧热能的作用下，焊剂熔化逐渐增多，形成一定深度的渣池。在形成渣池的同时，电弧的作用把钢筋端面逐渐烧平。

4）"电渣过程"是把上钢筋端头浸入渣池中，利用电阻热能使钢筋端面熔化，在钢筋端面形成有利于焊接的形状和熔化层，待钢筋熔化量达到规定后，立即断电。

5）焊接钢筋时，用焊接夹具分别嵌固上、下两根待焊接的钢筋；上、下钢筋安装时，中心线要一致。安放引弧钢丝球的方法：抬起上钢筋，将预先准备好的钢丝球安放在上、下钢筋焊接端面的中间位置，放下上面的钢筋并轻压钢丝球，使之接触良好。放下上面的钢筋时，要防止钢丝球被压扁变形。在安装焊剂盒底部的位置缠上石棉绳，然后再装上焊剂盒，并在焊剂盒中满装焊剂。安装焊剂盒时，焊接口宜位于焊剂盒的中部，石棉绳缠绕应严密，防止焊剂泄漏。而后进行焊接、顶锻，之后卸出焊剂，拆除焊剂盒、石棉绳及夹具。回收的焊剂应除去熔渣及杂物，受潮的焊剂经烘焙干燥后，可重复使用。

6）钢筋焊接完成后，应及时进行焊接接头外观检查，外观检查不合格的接头应切除重焊。

（4）电渣压力焊机安全使用规定

1）应根据施焊钢筋直径选择具有足够输出电流的电焊机。电源电缆线和控制电缆连接应正确、牢固。焊机及控制箱的外壳应接地或接零。

2）作业前，应检查供电电压并确认正常，当一次电压降幅大于或等于 8％时，不得焊接。焊接导线通电时长不得大于 30min。同时，应检查并确认控制电路正常，定时应准确，误差不得大于 5％，机具的传动系统、夹装系统及焊钳的转动部分应灵活自如，焊剂应已干燥，所需附件应齐全。并应按所焊钢筋的直径，根据参数表，标定好所需的电流和时间。

3）起弧前，上、下钢筋应对齐，钢筋断头应接触良好。对锈蚀或粘有水泥等杂物的钢筋，应在焊接前用钢丝刷清理，保证导电良好。

4）每个接头焊完后，应停留 5～6min 保温，寒冷季节应适当延长保温时间。焊渣应在完全冷却后清理。

5. 钢筋焊接的质量标准和抽样检查

（1）一般规定：

1）钢筋焊接接头或焊接成品（焊接骨架、焊接网）质量检验与验收应按现行《钢筋焊接及验收规程》JGJ 18—2012 中的相关规定执行。

2）钢筋焊接接头或焊接制品应按照检验批进行质量检验与验收，并划分为主控项目和一般项目两类。质量检验时，应包括外观检查和力学性能检验。

3）纵向受力钢筋焊接接头，包括闪光对焊接头、电渣压力焊接头的连接方式检查和接头的力学性能检验，规定为主控项目。

① 接头连接方式应符合设计要求，并应全数检查，检验方法为观察。

② 接头试件进行力学性能检验时，其质量和检查数量应符

合本单元有关规定；检验方法包括检查钢筋出厂质量证明书，钢筋进场复验报告，各项焊接材料产品合格证、接头试件力学性能试验报告等。

③ 焊接接头的外观质量检查规定为一般项目。

4）非纵向受力钢筋焊接接头，包括交叉钢筋电阻点焊焊点、封闭环式箍筋闪光对焊接头、钢筋与钢板电弧搭接焊接头、预埋件钢筋电弧焊接头、预埋件钢筋埋弧压力焊接头的质量检验与验收，规定为一般项目。

5）焊接接头外观检查时，首先应由焊工对所焊接头或制品进行自检，然后由施工单位专业质量检查员检验，建立（建设）单位进行验收记录。

6）纵向受力钢筋焊接接头外观检查时，每一检验批中应随机抽取 10% 的焊接接头，箍筋闪光对焊接头盒预埋件钢筋 T 形接头应随机抽取 5% 的焊接接头。检查结果：当外观质量各小项不合格数均小于或等于抽检数的 15% 时，则该批焊接接头外观质量评为合格。

7）当某一小项不合格数超过抽检数的 15% 时，应对该批焊接接头该小项逐个进行复检，并剔除不合格接头；对外观检查不合格接头采取修整或补焊措施后，可提交二次验收。

8）力学性能检验时，应在接头外观检查合格后随机抽取试件进行试验。试验方法应按现行行业标准《钢筋焊接接头试验方法标准》JGJ/T 27 的有关规定执行。试验报告应包括下列内容：

① 工程名称、取样部位；

② 批号、批量；

③ 钢筋生产厂家和钢筋批号、钢筋牌号、规格；

④ 焊接方法；

⑤ 焊工姓名及考试合格证编号；

⑥ 施工单位；

⑦ 焊接工艺试验时的力学性能试验报告。

（2）钢筋闪光对焊接头、电弧焊接头、电渣压力焊接头、气压焊接头、箍筋闪光对焊接头、预埋件钢筋 T 形接头的拉伸试验，应从每一检验批接头中随机切取三个接头进行试验并应按下列规定对试验结果进行评定：

1）符合下列条件之一的，应评定该检验批接头拉伸试验合格：

① 3 个试件均断于钢筋母材，呈延性断裂，其抗拉强度大于或等于钢筋母材抗拉强度标准值。

② 2 个试件断于钢筋母材，呈延性断裂，其抗拉强度大于或等于钢筋母材抗拉强度标准值；另 1 个试件断于焊缝，呈脆性断裂，其抗拉强度大于或等于钢筋母材抗拉强度标准值的 1.0 倍。

注：试件断于热影响区，呈延性断裂，应视作与断于钢筋母材等同；试件断于非热影响区，呈脆性断裂，应视作与断于焊缝等同。

2）符合下列条件之一的，应进行复验：

① 2 个试件断于钢筋母材，呈延性断裂，其抗拉强度大于或等于钢筋母材抗拉强度标准值；另 1 个试件断于焊缝，或热影响区，呈脆性断裂，其抗拉强度小于钢筋母材抗拉强度标准值的 1.0 倍。

② 1 个试件断于钢筋母材，呈延性断裂，其抗拉强度标准值大于或等于钢筋母材抗拉强度标准值，另 2 个试件断于焊缝或热影响区，呈脆性断裂。

③ 3 个试件均断于焊缝，呈脆性断裂，其抗拉强度均大于或等于钢筋母材抗拉强度标准值的 1.0 倍时，应进行复验。当 3 个试件中有 1 个试件抗拉强度小于钢筋母材抗拉强度标准值的 1.0 倍时，应评定该检验批接头拉伸试验不合格。

（3）闪光对焊接头、气压焊接头进行弯曲试验时，应将受压面的金属毛刺和镦粗凸起部分消除，且应与钢筋的外表齐平。

弯曲试验可在万能试验机、手动或电动液压弯曲试验器上进行，焊缝应处于弯曲中心点，弯曲直径和弯曲角应符合表 4-3 的规定。

接头弯曲试验指标

表 4-3

钢筋牌号	弯芯直径	弯曲角度（°）
HPB300	$2d$	90
HRB335、HRBF335	$4d$	90
HRB400、HRBF400、RRB400	$5d$	90
HRB500、HRBF500	$7d$	90

注：1. d 为钢筋直径（mm）；

2. 直径大于 25mm 的钢筋焊接接头，弯芯直径应增加 1 倍钢筋直径。

试验结果：①当弯曲至 90°，有 2 个或 3 个试件外侧（含焊缝和热影响区）未发生宽度达到 0.5mm 的裂纹时，应评定该检验批接头弯曲试验合格。②当有 2 个试件发生宽度达到 0.5mm 的裂纹时，应进行复验。③当有 3 个试件发生宽度达到 0.5mm 的裂纹时，应评定该检验批接头弯曲试验不合格。④复验时，应切取 6 个试件进行试验。复验结果，当不超过 2 个试件发生宽度达到 0.5mm 的裂纹时，应评定该检验批接头弯曲试验复验合格。

（4）钢筋焊接接头或焊接制品质量验收时，应在施工单位自行质量评定合格的基础上，由监理（建设）单位对检验批有关资料进行核查，组织项目专业质量检查员等进行验收，并应按《钢筋焊接及验收规程》JGJ 18—2012 附录 A 的规定记录。

6. 对焊接骨架和焊接网外观质量检查结果的要求

（1）不属于专门规定的焊接骨架和焊接网可按下列规定的检验批只进行外观质量检查：

1）凡钢筋牌号、直径及尺寸相同的焊接骨架和焊接网应视为同一类型制品，且每 300 件作为一批，一周内不足 300 件的亦应按一批计算，每周至少检查一次。

2）外观质量检查时，每批应抽查 5%，且不得少于 5 件。

（2）焊接骨架外观质量检查结果，应符合下列规定：

1）焊点的压入深度应为较小钢筋直径的 18%～25%。

2）每件制品的焊点脱落、漏焊数量不得超过焊点总数的 4%，且相邻焊点不得有漏焊及脱落。

3）应量测焊接骨架的长度和宽度，并应抽查纵、横方向 3～5 个网格的尺寸，其允许偏差应符合表 4-4 的规定。

4）当外观检查结果不符合上述要求时，应逐步检查，并剔出不合格品。对不合格品整修后，可提交二次验收。

焊接骨架的允许偏差　　　　　表 4-4

项 目		允许偏差（mm）
焊接骨架	长度	±10
	宽度	±5
	高度	±5
骨架箍筋间距		±10
受力主筋	间距	±15
	排距	±5

（3）焊接网外形尺寸检查和外观质量检查结构，应符合下列规定：

1）焊点的压入深度应为较小钢筋直径的 18%～25%。

2）钢筋焊接网间距的允许偏差应取 ±10mm 和规定间距的 5% 的较大值。网片长度和宽度的允许偏差应取 ±25mm 和规定间距的 0.5% 的较大值；网格数量应符合设计规定。

3）钢筋焊接网焊点开焊数量不应超过整张网片交叉点数量的 1%，并且任一根钢筋上开焊点不得超过该支钢筋上交叉点总数的一半；焊接网最外边钢筋上的交叉点不得开焊。

4）钢筋焊接网表面不应有影响使用的缺陷；当性能符合要求时，允许钢筋表面存在浮锈和因矫直造成的钢筋表面轻微损伤。

7. 钢筋闪光对焊接头的质量验收

（1）闪光对焊接头的质量检验，应分批进行外观质量检查和力学性能检验，并应符合下列规定：

1）在同一台班内，由同一个焊工完成的 300 个同牌号、同直径钢筋焊接接头应作为一批。当同一台班内焊接的接头数量较少时，可在一周之内累计计算；累计仍不足 300 个接头时，应按一批计算。

2）力学性能检验时，应从每批接头中随机切取 6 个接头，其中 3 个做拉伸试验，3 个做弯曲试验。

3）异径钢筋接头可只做拉伸试验。

（2）闪光对焊接头外观质量检查结果，应符合下列规定：

1）对焊接头表面应呈圆滑、带毛刺状，不得有肉眼可见的裂纹；

2）与电极接触处的钢筋表面不得有明显烧伤；

3）接头处的弯折角度不得大于 2°；

4）接头处的轴线偏移不得大于钢筋直径的 1/10，且不得大于 1mm。

8. 钢筋电渣压力焊接头的质量验收

（1）电渣压力焊接头的质量检验，应分批进行外观检查和力学性能检验，并应按下列规定作为一个检验批：

1）在现浇混凝土结构中，应以 300 个同牌号钢筋接头作为一批；在房屋结构中，应在不超过连续二楼层中以 300 个同号牌钢筋接头作为一批；当不足 300 个接头时，仍应作为一批。

2）每批随机切取 3 个接头，作拉伸试验。

（2）电渣压力焊接头外观质量检查结果，应符合下列规定：

1）四周焊包突出钢筋表面的高度，当钢筋直径≤25mm 时，不得小于 4mm；当钢筋直径>25mm 时，不得小于 6mm；

2）钢筋与电极接触处，应无烧伤缺陷；

3）接头处的弯折角度不得大于 20；

4）接头处的轴线偏移不得大于 1mm。

9. 钢筋电弧焊接头的质量验收

（1）电弧焊接头的质量检验，应分批进行外观检查和力学性能检验，并应按下列规定作为一个检验批：

1）在现浇混凝土结构中，应以 300 个同牌号钢筋、同形式接头作为一批；在房屋结构中，应在不超过连续两楼层中以300个同牌号钢筋、同形式接头作为一批。每批随机切取3个接头，作拉伸试验。

2）在装配式结构中，可按生产条件制作模拟试件，每批3个，作拉伸试验。

3）钢筋与钢板电弧搭接焊接头可只进行外观检查。

注：在同一批中若有几种不同直径的钢筋焊接接头，应在最大直径钢筋接头和最小直径钢筋接头中分别切取3个试件进行拉伸试验。钢筋电渣压力焊接头、钢筋气压焊接头取样均同。

（2）电弧焊接头外观检查结果，应符合下列要求：

1）焊缝表面应平整，不得有凹陷或焊瘤；

2）焊接接头区域不得有肉眼可见的裂纹；

3）焊缝余高应为2～4mm；

4）咬边深度、气孔、夹渣等缺陷允许值及接头尺寸的允许偏差应符合表4-5的规定。

钢筋电弧焊接头尺寸偏差及缺陷允许值　　表 4-5

名　称		单位	接头形式		
帮条沿接头中心线 的纵向偏移			帮条焊	搭接焊钢筋 与钢板搭接焊	坡口焊、窄间隙焊、 熔槽帮条焊
接头处钢筋轴线的偏移		mm	$0.3d$	—	—
接头处弯折角度		(°)	2	2	2
接头处钢筋轴线的偏移		mm	$0.1d$	$0.1d$	$0.1d$
			1	1	1
焊缝宽度		mm	$+0.1d$	$+0.1d$	—
焊缝长度		mm	$-0.3d$	$-0.3d$	—
咬边深度		mm	0.5	0.5	0.5
在长 $2d$ 焊缝表面 上的气孔及夹渣	数量	个	2	2	—
	面积	mm²	6	6	—
在全部焊缝表面 上的气孔及夹渣	数量	个	—	—	2
	面积	mm²	—	—	6

注：d 为钢筋直径（mm）。

（3）当模拟试件试验结果不符合要求时，应进行复验。复验应从现场焊接接头中切取，其数量和要求与初始试验相同。

（三）钢筋机械连接

钢筋机械连接是指通过连接件的机械咬合作用或钢筋端面的承压作用，将一根钢筋中的力传递至另一根钢筋的连接方法。其优点是：接头质量稳定可靠，操作简便，施工速度快，不受气候影响，施工安全等。钢筋机械连接分为直螺纹、锥螺纹及套筒挤压连接等。

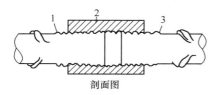

剖面图

图 4-15　钢筋直螺纹套筒连接
1—已连接的钢筋；2—直螺纹套筒；
3—正在拧入的钢筋

1. 直螺纹连接

钢筋镦粗直螺纹套筒连接是先将钢筋端头镦粗，切削成直螺纹，用带直螺纹的套筒将钢筋两端拧紧的钢筋连接方法，见图 4-15。

特点：直螺纹连接精度高，质量稳定，操作简便，连接速度快，价格适中。

（1）直螺纹钢筋丝头加工应符合下列规定：

1）钢筋端部应采用带圆弧刀片切割机、砂轮锯或带圆弧形刀片的专用钢筋切断机切平；

2）镦粗头不应有与钢筋轴线相垂直的横向裂纹；

3）钢筋丝头长度应满足产品设计要求，极限偏差应为 $0 \sim 2.0p$；

4）钢筋丝头宜满足 6f 级精度要求，应采用专用直螺纹量规检验，通规应能顺利旋入并达到要求的拧入长度，止规旋入不得超过 $3p$。各规格的自检数量不应少于 10%，检验合格率不应小于 95%。

（2）直螺纹接头的安装应符合下列规定：

1）安装接头时可用管钳扳手拧紧，钢筋丝头应在套筒中央位置相互顶紧，标准型、正反丝型、异径型接头安装后的单侧外露螺纹不宜超过 $2p$；对无法对顶的其他直螺纹接头，应附加锁螺母、顶紧凸台等措施紧固。

2）接头安装后应用扭力扳手校核拧紧扭矩，最小拧紧扭矩值应符合表 4-6 的规定。

直螺纹接头安装时的最小拧紧扭矩值　　　　　　　表 4-6

钢筋直径（mm）	≤16	18～20	22～25	28～32	36～40	50
拧紧扭矩（N·m）	100	200	260	320	360	460

2. 锥螺纹连接

钢筋锥螺纹连接（图 4-16）是将两根待接钢筋端头用套丝机做出锥形外丝，然后用带锥形内丝的套筒将钢筋两端拧紧的钢

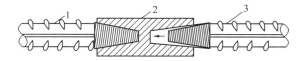

图 4-16　钢筋锥螺纹套筒连接
1、3—带肋钢筋；2—锥形螺纹套筒

筋连接方法。可在现场用套丝机对钢筋端头进行套丝，套完锥形丝扣的钢筋用塑料帽保护，利用测力扳手拧紧套筒至规定的力矩值即可完成钢筋对接。锥螺纹连接现场操作速度快，适用范围广，不受气候影响。但锥螺纹接头破坏都发生在接头处。

（1）锥螺纹钢筋丝头加工应符合下列规定：

1）钢筋端部不得有影响螺纹加工的局部弯曲；

2）钢筋丝头长度应满足产品设计要求，拧紧后的钢筋丝头不得相互接触，丝头加工长度极限偏差应为 $-1.5p$～$-0.5p$；

3）钢筋丝头的锥度和螺距应采用专用锥螺纹量规检验；各

规格丝头的自检数量不应少于 10％，检验合格率不应小于 95％。

（2）锥螺纹接头的安装应符合下列规定：

1）接头安装时应严格保证钢筋与连接件的规格相一致。

2）接头安装时应用扭力扳手拧紧，拧紧扭矩值应符合表4-7的规定。

锥螺纹接头安装时的最小拧紧扭矩值　　　表 4-7

钢筋直径（mm）	≤16	18～20	22～25	28～32	36～40	50
拧紧扭矩（N·m）	100	180	240	300	360	460

3）校核用扭力扳手与安装用扭力扳手应区分使用，校核用扭力扳手应每年校核 1 次，准确度级别不应低于 5 级。

3. 套筒挤压连接

套筒挤压连接方法是将需要连接的钢筋（应为带肋钢筋）端部插入特制的钢套筒内，利用挤压机压缩钢套筒，使它产生塑性变形，靠变形后的钢套筒与带肋钢筋的机械咬合紧固力来实现钢筋的连接。这种连接方法一般用于直径为 16～40mm 的带肋钢筋（包括余热处理钢筋），分为径向挤压和轴向挤压。该方法虽然优点较多，但由于工效较低，现已很少采用。

4. 钢筋机械连接标准与抽样检查

直螺纹、锥螺纹质量标准

钢筋的品种、规格必须符合设计要求，质量应符合国家现行标准的要求。套筒与母材材质应符合有关规定，且应有质量检验单和合格证，几何尺寸要符合要求。

钢筋接头强度检验：钢筋接头强度必须达到同类型钢材强度值，接头的现场检验按验收批进行，同一施工条件下采用同一批材料的同等级、同形式、同规格接头，以 500 个为一个验收批进行检验与验收，不足 500 个也作为一个验收批。在现场连续检验 10 个验收批，其全部单向拉伸试验一次抽样合格时，验收批接头数量可扩大 1 倍。对每一验收批，应在工程结构中随机抽取 3 个试件作单向拉伸试验。当 3 个试件抗拉强度均不小于设计的强度要求时，该验收批即为合格。如有一个试件的抗拉强度不符合要求，则应加倍取样复验。

对每种规格加工批量随机抽取 10%，且不少于 10 个，进行外观检查。钢筋丝头应与套筒规格相匹配，如有一个丝头不合格，即应对该加工批全数检查，不合格丝头应重新加工，经再次检验合格后方可使用。

（四）钢筋质量事故的预防和处理

在混凝土结构中，钢筋对混凝土工程的安全性、耐久性起着决定性的作用。我国现行的《混凝土结构设计规范》GB 50010—2010（2015 年版）规定了钢筋混凝土结构及预应力混凝土结构的钢筋的选用规定，其中钢筋的品种很多，不论何种钢筋均应满足规范要求。但现场施工过程中，由于人为及客观原因，导致钢筋原材料、加工及安装时出现各种不可预见的质量问题。为此，钢筋工程施工中，应采取"事前预防、事中控制、事后处理"的质量控制方针。

1. 钢筋质量通病的预防

（1）钢筋进场时，应按国家现行相关标准的规定抽取试件作屈服强度、抗拉强度、伸长率、弯曲性能和重量偏差检验，检验结果应符合相应标准的规定。

检查数量：按进场批次和产品的抽样检验方案确定。

检验方法：检查质量证明文件和抽样检验报告。

（2）对按一、二、三级抗震等级设计的框架和斜撑构件（含梯段）中的纵向受力普通钢筋应采用 HRB335E、HRB400E、HRB500E、HRBF335E、HRBF400E 或 HRBF500E 钢筋，其强度和最大力下总伸入率的实测值应符合下列规定：

1）抗拉强度实测值与屈服强度实测值的比值不应小于 1.25；

2）屈服强度实测值与屈服强度标准值的比值不应大

于 1.30；

3）最大力下总伸长率不小于 9％。

检查数量：按进场的批次和产品的抽样检验方案确定。

检验方法：检查抽样检验报告。

（3）钢筋原材：

1）钢筋表面出现黄色浮锈，严重的转为红色，日久后变成暗褐色，甚至发生鱼鳞剥落现象。

原因：保管不良，受到雨雪侵袭，存放期长，仓库环境潮湿，通风不良。

防治措施：

① 钢筋原料应存放在仓库或料棚内，保持地面干燥，钢筋不得直接堆放在地上，场地四周要有排水措施，堆放期尽量缩短。淡黄色轻微浮锈不必处理。

② 红褐色锈斑的清除可用手工钢刷进行，尽可能采用机械方法，对于锈蚀严重、发生锈皮剥落现象的应研究是否降级使用或不用。

2）钢筋品种、等级混杂，直径大小不同的钢筋堆放在一起，难以分辨，影响使用（特别是 HRB335 级和 HRB400 级钢）。

原因：原材料仓库管理不当，制度不严；同直径不同级别的钢筋没有区分。

防治措施：原材料堆放和加工后的半成品均应注明材质和规格。下料加工前应认真核对材质和规格，特别是正确区分 HRB335 和 HRB400 型钢筋。

3）钢筋力学性能：

盘圆钢筋调直后应进行力学性能和重量偏差检验，其强度应符合国家现行有关标准的规定，其断后伸长率、重量偏差应符合表 4-1 的规定。力学性能和重量偏差检验应符合下列要求：

应对 3 个试件先进行重量偏差检验，再取其中 2 个试件进行力学性能检验。

重量偏差应按下式计算：

$$\Delta = \frac{W_d - W_0}{W_0} \times 100\%$$

式中　Δ——重量偏差（%）；

W_d——3 个调直钢筋试件的实际重量之和（kg）；

W_0——钢筋理论重量（kg），取每米理论重量（kg/m）与
3 个调直钢筋试件长度之和（m）的乘积。

（4）钢筋加工：

1）钢筋加工的形状、尺寸应符合设计规定，其偏差应符合
表 4-8 的规定。

检查数量：同一设备加工的同一类型钢筋，每个工作日抽查
不应少于 3 件。

检验方法：尺量。

钢筋加工的允许偏差 表 4-8

项　目	允许偏差（mm）
受力钢筋沿长度方向的净尺寸	±10
弯起钢筋的弯折位置	±20
箍筋外廓尺寸	±5

2）钢筋弯折的弯弧内径应符合下列要求：

① HPB300 级钢筋，不应小于钢筋直径的 2.5 倍。

② HRB335、HRB400 级带肋钢筋，不应小于钢筋直径的
4 倍。

③ HRB500 级带肋钢筋，当直径为 28mm 以下时不应小于
钢筋直径的 6 倍，当直径为 28mm 及以上时不应小于钢筋直径的
7 倍。

④ 箍筋弯折处尚不应小于纵向受力钢筋的直径。

检查数量：同一设备加工的同一类型钢筋，每个工作日抽查
不得少于 3 件。

检验方法：尺量。

⑤ 纵向受力钢筋的弯折后平直段长度应符合设计规定。光

圆钢筋末端做 180°弯钩时，弯后平直段长度不应小于钢筋直径的 3 倍。

检查数量：同一设备加工的同一类型钢筋，每个工作日抽查不应少于 3 件。

检验方法：尺量。

3）箍筋、拉筋的末端应按设计要求做弯钩，并应符合下列要求：

① 对一般结构构件，箍筋弯钩的弯折角度不应小于 90°，弯折后平直长度不应小于箍筋直径的 5 倍；对有抗震设防要求或设计有专门要求的结构构件，箍筋弯钩的弯折角度不应小于 135°，弯折后平直段长度不应小于箍筋直径的 10 倍。

② 圆形箍筋的搭接长度不应小于其受拉锚固长度，且两末端弯钩的弯折角度不应小于 135°，弯折后平直长度对一般结构构件不应小于箍筋直径的 5 倍，对有抗震设防要求的结构构件不应小于箍筋直径的 10 倍。

③ 梁、柱复合箍筋中的单肢箍筋两端弯钩的弯折角度均不应小于 135°，弯折后平直长度应符合本条 1）对箍筋的有关规定。

检查数量：同一设备加工的同一类型钢筋，每个工作日抽查不应少于 3 件。

检验方法：尺量。

（5）钢筋连接：

1）钢筋的连接方式应符合设计要求。

检查数量：全数检查。

检验方法：观察。

2）钢筋采用机械连接或焊接连接时，钢筋机械连接接头、焊接接头的力学性能、弯曲性能应符合国家现行有关标准的规定。接头试件应从工程实体中截取。

检查数量：按现行行业标准《钢筋机械连接技术规程》JGJ 107—2016 和《钢筋焊接及验收规程》JGJ 18—2012 的规定

确定。

检验方法：检查质量证明文件和抽样检验报告。

3）钢筋采用机械连接时，螺纹接头应检验拧紧扭矩值，挤压接头应量测压痕直径，检验结果应符合现行行业标准《钢筋机械连接技术规程》JGJ 107—2016 的相关规定。

检查数量：按现行行业标准《钢筋机械连接技术规程》JGJ 107—2016 的规定确定。

检验方法：采用专用扭力扳手或专用量规检查。

2. 钢筋质量事故的处理方法

（1）钢筋代换错误

施工时缺乏设计图样要求的钢筋类别，进行钢筋代换而酿成质量事故。

1）原因分析：凡属重要的结构或构件，预应力构件进行钢筋代换时应征得设计单位的同意。

2）处理方法：

① 对抗裂性能要求较高的构件（如处于腐蚀性介质环境中的构件）不宜用光面钢筋代换带肋钢筋。

② 钢筋代换时，不宜改变构件截面的有效高度。

③ 代换后的钢筋用量不宜大于原设计计算用量的 5%，也不宜低于 2%，且应满足规范固定的构造要求（如钢筋直径、根数、间距、锚固长度等）。

（2）钢筋绑扎搭接错误（图 4-17）

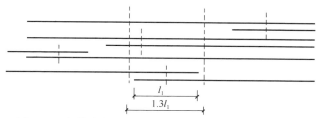

图 4-17　钢筋绑扎搭接接头连接区段及接头面积百分率
注：图中所示搭接接头同一连接区段内的搭接钢筋为两根，当各钢筋直径相同时，接头面积百分率为 50%。

（3）钢筋连接错误（图 4-18、图 4-19）

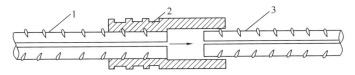

图 4-18　套筒挤压钢筋连接

1—已挤压的钢筋；2—钢套筒；3—未连接的钢筋

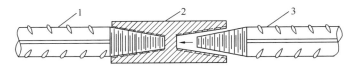

图 4-19　锥螺纹套筒钢筋连接

1—已连接的钢筋；2—锥螺纹套筒；3—未连接的钢筋

处理方法：

① 工程中应用钢筋机械连接时，应由相关技术提供单位提交有效的检验报告。

② 钢筋连接工程开始前及施工过程中，应对每批进场钢筋进行接头工艺检验，工艺检验应符合设计图纸或规范要求。

③ 现场检验应进行外观质量检查和单向拉伸试验。

④ 钢筋连接接头应在现场按检验批次进行检查。

⑤ 对钢筋接头的每一验收批，必须在工程结构中随机截取 3 个试件做单向拉伸试验，按设计要求的接头性能等级进行检验与评定。

⑥ 现场需连续检验 10 个验收批。

⑦ 外观质量检验的质量要求、抽样数量、检验方法及合格标准由各类型接头的技术规程确定。

五、钢筋的绑扎与安装

钢筋工程的绑扎分为骨架的形成绑扎和钢筋搭接的绑扎。钢筋骨架的形成，又分为两种：一种是将预先加工成型的钢筋放置模内，搭好骨架、组合绑扎；第二种是预先焊接或绑扎，将单根钢筋组合成钢筋网片或钢筋骨架，然后现场吊装。

（一）钢 筋 绑 扎

1. 钢筋绑扎的知识

钢筋绑扎和安装前的准备

在钢筋混凝土工程的施工中，模板的安装、钢筋的绑扎和安装、混凝土的浇捣等常常是在同一个工作面上交叉进行的。为了保证工程质量，提高钢筋绑扎和安装效率及缩短工期，就必须认真做好钢筋绑扎安装前的准备工作。

（1）熟悉施工图纸内容

施工图纸是工程施工的重要依据，也是钢筋安装的重要依据。施工图中注写了各结构构件的设计要求，标注了构件所用钢筋直径、种类、形状、数量、位置及标高、尺寸等内容，故熟悉施工图纸是非常重要的。熟悉图纸的同时还要注意检查施工图中有无笔误和不合理之处，发现问题及时向项目部负责人反映，以利于正确地施工。

（2）核对钢筋配料单并整理加工成型的钢筋

熟悉施工图纸的同时，还要核对钢筋配料单、料牌，并检查成型钢筋的规格类型是否齐全、准确，形状和数量是否与图纸相符，钢筋有无错配或漏配，一旦发现有误时要及时进行纠正或增补，以免钢筋安装施工时措手不及而延误工期。

（3）研究钢筋的安装施工顺序并确定施工方法

在熟悉施工图纸的基础上，要仔细研究钢筋安装的步骤。步骤不明确或安装顺序颠倒，会给安装工作造成很大的影响。有时整个钢筋安装工程已近尾声，但经与图纸核对，发现漏装了一个或多个编号的钢筋时，只得将已安装好的钢筋拆除，再把漏装的钢筋补上，这样既拖延工期，又浪费劳动力。因此，在钢筋施工中一定要避免上述情况的发生。

钢筋安装是整个建筑工程施工中的一个组成部分，因此，钢筋施工必须按施工计划要求，制订相应的安装计划并确定出具体的施工方法。如：确定哪些构件的钢筋可预先绑扎成型，然后安装入模；哪些构件的钢筋可采取入模绑扎；科学地编排安装计划是提高工作效率的前提条件。

2. 钢筋绑扎的常用工具及材料

钢筋绑扎所用的工具比较简单，主要有扎钩、小撬棒、起拱扳子及绑扎架等。

（1）扎钩

它是主要的钢筋绑扎工具，基本形状、尺寸如图 5-1 所示。它是用直径为 $12\sim16\text{mm}$、长度为 $160\sim220\text{mm}$ 的圆钢筋制成的。制作的关键是将扎钩的弯钩与手柄成 $90°$。这样在绑扎操作时比较省力。为了使扎钩在钢筋绑扎时旋转方便、不磨手，可在扎钩手柄上加一个套管（图 5-2b）。另外，在绑扎钢筋时，为了使用扎钩扳弯直径小于 6mm 的钢筋，也可在扎钩末端加一个小扳口（图 5-2c）。在个别地区还可采用如图 5-2（d）所示的扎钩。

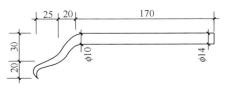

图 5-1　钢筋扎钩制作尺寸

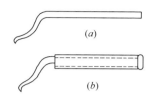

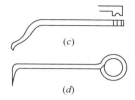

图 5-2　常用钢筋扎钩

（2）全自动钢筋绑扎机

又称钢筋捆扎机（图 5-3），是一种新型的钢筋施工智能电动工具。钢筋绑扎机形状像一只大号的手枪，枪口处有扎丝缠绕机构，枪柄处安装可充电电池，枪的尾部装有线圈以供应枪口吐丝，枪膛里安装传动旋转装置和配电装置，扳机就是通电开关。

图 5-3　全自动钢筋绑扎机

当操作工人把枪口对准需要绑扎钢筋的十字交叉点时，右手拇指扣动扳机，机器自动将扎丝在工件上缠绕三圈后拧紧切断，即完成一个扣的绑扎（图 5-4），耗时 1～2s。钢筋绑扎机的工作效率是手工操作的 4 倍以上，如果操作熟练双手各持一台，效率会更高。使用这种机器在施工中能够确保质量，是未来钢筋工程必备的操

图 5-4　用全自动钢筋绑扎机绑扎钢筋

作机器之一。

（3）小撬棍

在绑扎、安装钢筋网、架时，为调整钢筋的间距、矫直钢筋、设置保护层混凝土垫块，可采用小撬棍，如图 5-5 所示。

图 5-5　小撬棍

（4）扎丝

钢筋绑扎使用的钢丝的规格是 20～22 号镀锌钢丝或绑扎钢筋专用的火烧铁丝。当绑扎钢筋的直径在 12mm 以下时，宜采用 22 号钢丝（其直径为 0.711mm）；当绑扎钢筋的直径为 12～25mm 时，宜采用 20 号钢丝（直径为 0.914mm）。绑扎楼板钢筋网片，一般用单根 22 号钢丝；绑扎梁、柱钢筋骨架，则用双根 22 号钢丝。绑扎采用的钢丝要有合理的长度，一般以用钢丝钩拧 2～3 圈后，钢丝出头长度大约 20mm 为宜，钢丝太长，不但浪费，还因外露在混凝土表面而影响构件质量。钢丝的供应是盘状的，习惯上按每盘钢丝周长的几分之一来切断，故钢丝的切断长度，只需与表 5-1 的数值相同或相近即可。

钢筋绑扎钢丝长度参考表　　　　　　表 5-1

钢筋直径（mm）	6～8	10～12	14～16	18～20	22	25	28	32
6～8	150	170	190	220	250	270	290	320
10～12		190	220	250	270	290	310	340
14～16			250	270	290	310	330	360
18～20				290	310	330	350	380
22					330	350	370	400

3. 钢筋绑扎的操作方法

绑扎钢筋是借助钢筋钩用钢丝把各种单根钢筋绑扎成整体网片或骨架。

（1）一面顺扣操作法：这是最常用的方法，具体操作如图5-6所示。绑扎时先将钢丝扣穿套钢筋交叉点，接着用钢筋钩勾住钢丝弯成圆圈的一端，旋转钢筋钩，一般旋1.5～2.5转即可。扣要短，才能少转快扎。这种方法操作简便，绑点牢靠，适用于钢筋网、架各个部位的绑扎。

图5-6　钢筋一面顺扣绑扎法

（2）其他操作法：钢筋绑扎除一面顺扣操作法之外，还有十字花扣、反十字花扣、兜扣、缠扣、兜扣加缠、套扣等，这些方法主要根据绑扎部位的实际需要进行选择，其形式如图5-7所示。十字花扣、兜扣适用于平板钢筋网和箍筋处绑扎；缠扣主要用于墙钢筋和柱箍筋的绑扎；反十字花扣、兜扣加缠适用于梁骨架的箍筋与主筋的绑扎，套扣用于梁的架立钢筋和箍筋的绑口处。

4. 钢筋绑扎的操作要点

（1）画线时应画出主筋的间距及数量，并标明箍筋的加密位置。

（2）板内钢筋应先排主筋后排构造钢筋；梁的钢筋一般先摆纵向钢筋，然后摆横向钢筋。摆钢筋时应注意按规定将受力钢筋接头错开。

（3）受力钢筋接头在连接区段（35d，且不小于500mm）内，有接头的受力钢筋截面面积占受力钢筋总截面面积的百分率应符合规范规定。

（4）箍筋的转角与其他钢筋的交叉点均应绑扎，但箍筋的平

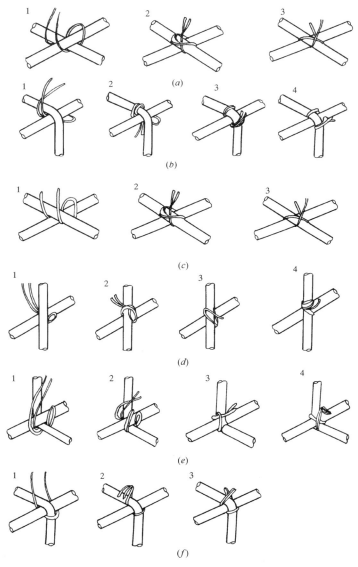

图 5-7　钢筋的其他绑扎方法

(a) 十字花扣；(b) 反十字花扣；(c) 兜扣；(d) 缠扣；(e) 兜扣加缠；(f) 套扣

直部分与钢筋的交叉点可呈梅花式交错绑扎。箍筋的弯钩叠合处应错开，交错绑扎在不同的钢筋上。

（5）绑扎钢筋网片（图 5-8）采用一面顺扣绑扎法，在相邻两个绑点应呈八字形，不要互相平行以防骨架歪斜变形。

（6）预制钢筋骨架绑扎时要注意保持外形尺寸正确，避免入模安装困难。

（7）在保证质量、提高工效、减轻劳动强度的原则下，研

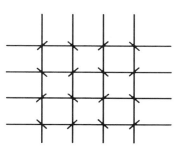

图 5-8　顺扣绑扎法

究加工方案。方案应分清预制部分和模内绑扎部分，以及两者相互的衔接，避免后续工序施工困难，甚至造成工浪费。

5. 钢筋网的预制

钢筋网的预制绑扎用于小型构件时，钢筋网的绑扎可在模内或工作台上预制。大型网片的操作程序为：地坪上画线→摆放钢筋→绑扎。为防止钢筋网片在运输、安装过程中发生歪斜、变形，可采用细钢筋在斜向拉接。

钢筋网片作为单向主筋时，只需将外围两行钢筋交叉点绑扎，而中间部位的交叉点可隔根呈梅花状绑扎；如钢筋网片用作双向主筋时，应将全部的交叉点绑扎牢固。相邻绑扎点的钢丝扣要成八字形，以免网片歪斜变形。

6. 钢筋骨架的预制

钢筋骨架采用预制绑扎的方法比在现场模内绑扎效率高、质量好。由于骨架的刚性大，在运输、安装时也不易发生变形或损坏。

（1）步骤和方法

以梁为例，钢筋骨架绑扎的步骤和方法如图 5-9 所示。

1）布置钢筋绑扎架，安上横杆，并将梁的受拉钢筋和弯起钢筋搁在横杆上。

2）从受力钢筋的中部往两边按设计图画上箍筋的间距线，

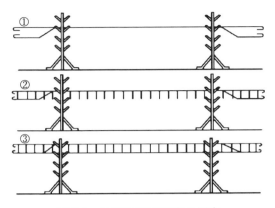

图 5-9　钢筋骨架预制绑扎顺序

将全部箍筋自受力钢筋的一端套入，并按线距摆开，与受力钢筋绑扎好。

3）升高钢筋绑扎架，穿入架立钢筋，并随即与箍筋绑扎牢固。抽去横杆，钢筋骨架落地翻身即成预制好的钢筋骨架。

（2）绑扎钢筋骨架时的注意事项

1）柱和梁中的箍筋应与主筋垂直（设计有特殊要求者除外）。

2）箍筋的转角与其他钢筋的交点均应绑扎，但箍筋的平直部分与钢筋的相交点可呈梅花状交错绑扎。

3）箍筋的弯钩叠合处应错开绑扎，即柱中四角错开绑扎，如图 5-10 所示；梁中应交错绑扎在不同的架立钢筋上。

4）骨架的绑扣，在相邻两个绑点应呈八字形，以防骨架倾斜变形。

5）钢筋骨架预制绑扎时要注意保持外形尺寸正确，避免入模安装困难。

6）在保证质量、提高工效、加快进度、减轻劳动强度的原则下，研究预制方案。方案应分清预制部分和模内绑扎部分，以及两者相互的衔接，避免后续工序施工困难。

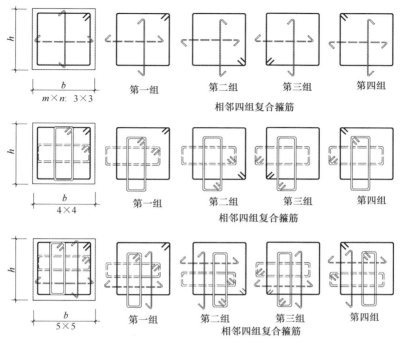

第一组 第二组 第三组 第四组
相邻四组复合箍筋

第一组 第二组 第三组 第四组
相邻四组复合箍筋

第一组 第二组 第三组 第四组
相邻四组复合箍筋

图 5-10　柱箍筋排布规则

（二）钢筋焊接网的安装

（1）钢筋焊接网运至现场后，应按不同规格分类堆放，并设置料牌，防止错用。

（2）对两端需要伸入梁内的钢筋焊接网，在安装时可将钢筋网两端的支撑梁钢筋向外侧移动，将钢筋焊接网就位后，再将梁的钢筋复位。如果上述方法仍不能将钢筋焊接网放入，也可先将钢筋焊接网的一边伸入梁内，然后将钢筋焊接网适当向上弯曲，把钢筋焊接网的另一侧也伸入梁内，并慢慢将钢筋焊接网恢复平整。

（3）钢筋焊接网安装时，下层钢筋网需设置保护层垫块，其间距应根据焊接钢筋网的规格大小适当调整，一般为 500～1000mm。

（4）双层钢筋网之间应设置钢筋马凳或支架，以控制两层钢筋网的间距，马凳或支架的间距一般为 500～1000mm。

（5）对需要绑扎搭接的焊接钢筋网，每个交叉点均要绑扎牢固，另外还应符合规范的要求。

（三）钢筋的现场绑扎

由于预先绑扎的钢筋网、骨架在运输和安装过程中容易发生变形和损坏，而有些构件构造复杂，不宜采用预先绑扎钢筋网、骨架，再到模内安装的方法，因此必须采用现场绑扎的方法。

在工地上进行钢筋现场绑扎安装，关键是在施工前仔细研究钢筋绑扎的顺序（钢筋绑扎的顺序具有一定的规律性）。绑扎钢筋骨架时总是先将长钢筋就位、固定，然后套上箍筋，初步绑成骨架后，再完成各个绑扎点的绑扎。对一些钢筋种类和数量繁多且比较复杂的结构构件，要结合具体情况研究绑扎顺序，并按顺序操作，避免发生因错绑或漏绑而造成返工的现象。

1. 钢筋现场绑扎的一般顺序及质量检查

（1）钢筋现场绑扎的一般顺序

钢筋现场绑扎的一般顺序为：画线→摆筋→穿筋→绑扎→安放垫块等。

1）画线：画线时应对照图纸画出主筋的间距及数量，并标明加密箍筋的位置。

2）摆筋：板类摆筋是先排主筋后排副筋；梁类摆筋一般是先摆纵筋。摆筋时应注意将受力钢筋的接头错开。

3）穿筋：应根据计算穿入全部箍筋，并按间距就位，再与其他钢筋绑扎牢固。

4）绑扎：绑扎接头和其他接头，应位于弯矩及剪力较小位置处，在绑扎接头的搭接长度范围内，应采用扎丝绑扎三道。

5）安放垫块：钢筋网、骨架现场绑扎入模后，应按要求垫好规定厚度的保护层垫块。

（2）钢筋现场绑扎的质量检查

钢筋绑扎安装完毕，应按下列内容作全面检查：

1）对照设计图纸检查钢筋的强度等级、直径、根数、间距、位置是否正确，应特别注意支座负筋的位置。

2）检查钢筋的接头位置和搭接长度是否符合规定。

3）检查混凝土保护层的厚度是否符合规定。

4）检查钢筋是否绑扎牢固，有无松动变形现象。

5）钢筋表面不允许有油渍、漆污和片状铁锈。

6）安装钢筋的允许偏差不得大于规范的要求。

2. 基础钢筋的绑扎

（1）独立基础钢筋的绑扎

1）操作顺序：
清理垫层→划线→摆放、绑扎板底双向钢筋→安放保护层垫块→柱预留插筋，加设临时斜撑钢筋。

图 5-11　柱独立基础钢筋绑扎现场图

2）操作要点：
独立柱基础底板钢筋为单层双向钢筋，平行于短边的钢筋应放在长边钢筋的上面。柱子插筋经定位校准后，将设有 90°弯钩的柱角筋与底板钢筋绑扎并焊接；加设临时斜撑钢筋，保证柱插筋骨架的稳定性，防止在浇捣混凝土时偏位（图 5-11）。

（2）条形基础钢筋的绑扎（图 5-12、图 5-13）

1）操作顺序：
垫层放线→绑扎底板网片→绑扎基础梁钢筋骨架（注：基础梁的设置与地质情况密切相关）→安放保护层垫块。

2）操作要点

① 绑扎时，一般在支模前就地进行。先用绑扎架架起上、

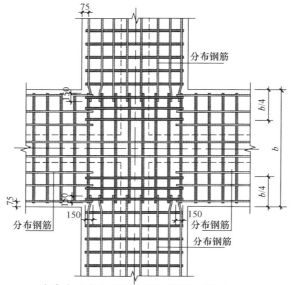

十字交叉条形基础底板钢筋排布构造

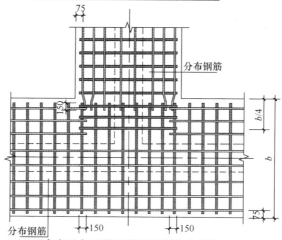

丁字交叉条形基础底板钢筋排布构造

注: 1.基础的配筋及几何尺寸详见具体结构设计。
　　2.实际工程与本图不同时，应由设计者设计。如果要求施工参照本图构
　　　造施工时，设计应给出相应的变更说明。

图 5-12　条形基础钢筋布置图

下纵筋，套入全部箍筋，从绑扎架上放下下层纵筋，摆放箍筋，并按画线标志正确就位。

② 将上、下纵筋按画线标志均匀排列，并绑扎牢固。

③ 条形基础钢筋在绑扎成型后，抽出绑扎架，把骨架放在底板网片上进行绑扎，形成整体。

图 5-13　条形基础钢筋绑扎现场图

3. 剪力墙钢筋绑扎

（1）操作顺序

测量放线→剔凿墙体混凝土浮浆→调直预留插筋→墙体钢筋绑扎→钢筋网片的定位与连接→内外墙连接→修整。

（2）绑扎流程

1）调直由下层延伸至上层的剪力墙竖筋或剪力墙基础插筋→绑扎剪力墙两端边缘构件（暗柱或端柱）→在边缘构件的纵筋上画好剪力墙水平钢筋间距→依据间距位置在剪力墙下部及齐胸处绑扎2根定位水平筋→再绑扎剪力墙墙身竖向钢筋→最后绑扎水平筋。

2）水平钢筋摆放位置：

① 地下室外墙：

由于地下室外墙需承受侧向土压力及水压力的作用，因此要将墙体的水平筋放在竖向筋的内侧。

② 除地下室外墙的剪力墙：

因这些剪力墙不承担水压力及土压力，故剪力墙的水平筋可放在竖向钢筋的内侧或外侧，为了方便施工，一般将水平筋放置在竖向筋的外侧以提高功效。

4. 柱钢筋绑扎

（1）操作顺序

测量放线→剔凿柱根部混凝土浮浆→调直校正柱非连接区域纵筋→套柱箍筋→接长柱纵筋（采用绑扎搭接、电渣压力焊、机械连接）→在柱纵筋上画箍筋间距→根据已画间距绑扎柱箍筋。

（2）注意事项

1）柱纵筋连接时，注意钢筋直径是否正确，见图 3-1。

2）采用绑扎搭接时，注意搭接长度是否满足规范要求。

3）采用电渣压力焊连接时，注意焊包是否饱满、有无气孔，上下连接钢筋是否在中轴线上、有无偏心。

4）柱内单肢箍筋是否遗漏。

5）顶层边柱及角柱是否遗漏外侧角部附加构造筋。

6）柱箍筋 135°弯钩不得安放在同一位置，需绕柱子四角旋转布置（见图 5-10）。

5. 梁钢筋绑扎

（1）操作顺序

1）框架梁：在梁口搭设水平梁架→安放梁下部受力纵筋→再铺设梁上部受力纵筋→将箍筋依次穿入梁纵筋内→按照图纸在梁上部纵筋上画记间距→按间距绑扎箍筋→垫好梁保护层垫块→最后抽出水平架将梁骨架放于梁模内。

2）次梁：次梁绑扎顺序同框架梁，区别在于注意事项 4）。

（2）注意事项

1）梁端部第一道箍筋应设置在离柱节点边缘 50mm 处。

2）当梁腹高不小于 450mm 时，应设置梁侧面构造钢筋，如图 5-14 所示。

3）除基础梁箍筋 135°弯钩应朝下交错布置外，其余位置梁箍筋 135°弯钩应朝上交错布置。

4）主、次梁交接处，次梁上部受力筋应安放在主梁上部受力筋上侧，根据图纸要求在主、次梁交接处，主梁上、次梁两侧设置吊筋或附加箍筋。

5）按抗震等级计算框架梁两端的箍筋加密区（详见现行 G101-1 相关章节）。

6. 板钢筋绑扎

（1）操作顺序

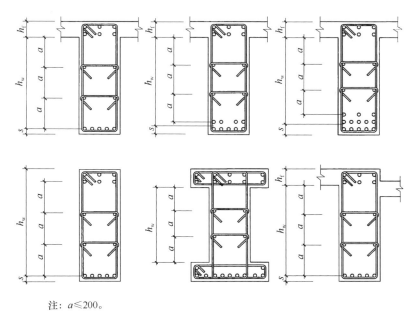

注：$a \leqslant 200$。

图 5-14　梁侧面纵向钢筋构造（17G101-11）

在模板上标记纵、横向楼板底部钢筋间距→根据间距摆放楼板底部纵、横向钢筋→绑扎楼板底部纵、横向钢筋→用垫块垫起楼板底部钢筋保护层→安放水电预埋线管→摆放、绑扎楼板上部钢筋→最后安放马凳筋（图 5-15）垫起楼板上部钢筋。

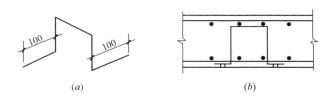

图 5-15　钢筋撑脚
（a）钢筋撑脚；（b）撑脚位置

（2）注意事项

1）清理模板上的杂物（可采用空压机送风吹去尘土、木屑等）。

2）绑扎楼板钢筋时，一般用顺扣绑扎（见图5-8）或八字扣绑扎，除外围两排钢筋的相交点全部绑扎外，中间部位的相交点可交错呈梅花状绑扎。双层配筋时，中间应加支马凳筋，以保证上部钢筋的有效高度。

3）除地下室底板的上部钢筋应从梁上部受力筋下侧穿过外，其余楼板的上部钢筋都应从梁上部受力筋上侧穿过。

4）双向板底部布置的单层双向钢筋摆放、绑扎应遵循平行于短边的钢筋放在最下侧（图5-16下1），平行于长边的钢筋放在短边钢筋之上的原则（图5-16下2）。

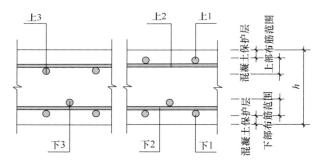

图 5-16　板厚范围上、下部各层钢筋定位排序示意

7. 梁柱节点绑扎注意事项（图5-17）

注意事项：

1）节点位置按照柱箍筋要求绑扎。

2）节点位置柱箍筋全高加密。

3）绑扎过程中应认真核查梁柱节点，防止绑扎工人因为柱箍筋妨碍梁钢筋的绑扎，私自将梁柱节点位置处的柱箍筋剪断。

4）当上层柱纵筋根数多于下层柱时，还应设置柱插筋，锚固到下层柱范围内（锚固长度$1.2l_{aE}$）。

8. 楼梯钢筋绑扎

楼梯钢筋骨架采用模内安装绑扎，即现场绑扎。图5-18所示为现浇钢筋混凝土楼梯的配筋图。

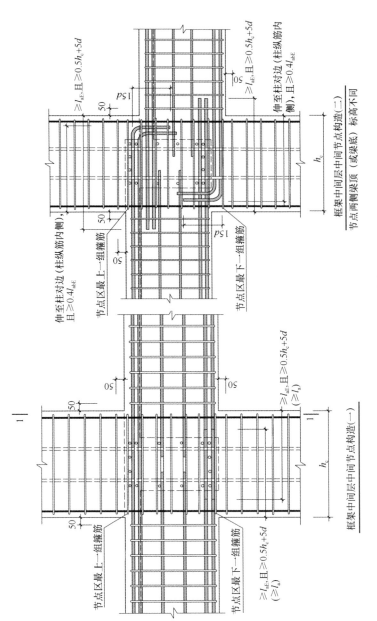

图 5-17 梁柱节点

109

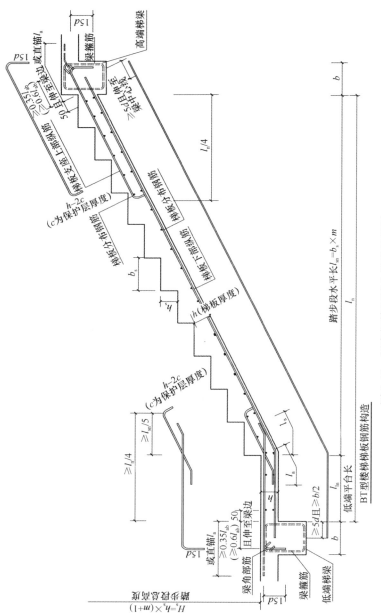

图 5-18 现浇钢筋混凝土楼梯配筋图

（1）操作程序模板上画线→钢筋入模→绑扎受力钢筋和分布筋→检查→成品保护。

（2）注意事项：

1）钢筋的弯钩应全部向内。

2）钢筋的间距应画在模板上。

3）不准踩在钢筋骨架上进行绑扎。

4）须检查模板及支撑是否牢固。

（四）安装质量检验与验收及安全技术

1. 钢筋安装的质量检验

钢筋安装完成之后，在浇筑混凝土之前，应进行钢筋隐蔽工程验收，其内容包括：

1）纵向受力钢筋的品种、规格、数量、位置等。

2）钢筋连接方式、接头位置、接头数量、接头面积百分率等。

3）箍筋、横向钢筋的品种、规格、数量、间距等。

4）预埋件的规格、数量、位置等。

钢筋隐蔽工程验收前应提供钢筋出厂合格证与检验报告及进场复验报告，钢筋焊接接头和机械连接接头力学性能试验报告。

（1）主控项目

1）钢筋安装时，受力钢筋的品种、级别、规格和数量必须符合设计要求。

检查数量：全数检查。

检验方法：观察、钢尺检查。

2）纵向受力钢筋的连接方式应符合设计要求。

检查数量：全数检查。

检验方法：观察。

（2）一般项目

1）钢筋接头位置、接头面积百分率、绑扎搭接长度等应符合设计或构造要求。

2）箍筋、横向钢筋的品种、规格、数量、间距等应符合设计要求。

3）钢筋安装位置的偏差，应符合表 5-2 的规定。

检查数量：在同一检验批次内，对梁、柱和独立基础，应抽查构件数量的 10%，且不少于 3 件；对墙和板，应按有代表性的自然间抽查 10%，且不少于 3 间；对大空间结构，墙可按相邻轴数间高度 5m 左右划分检查面，板可按纵、横轴线划分检查面，抽查 10%，且均不少于 3 面。

检验方法：观察、钢尺检查。

钢筋安装位置的允许偏差和检验方法见表 5-2。

钢筋安装位置的允许偏差和检验方法表 表 5-2

项 目		允许偏差（mm）	检验方法
绑扎钢筋网	长、宽	±10	尺量
	网眼尺寸	±20	尺量连续三档，取最大偏差值
绑扎钢筋骨架	长	±10	尺量
	宽、高	±5	尺量
纵向受力钢筋	锚固长度	−20	尺量
	间距	±10	尺量两端、中间各一点，取最大偏差值
	排距	±5	
纵向受力钢筋、箍筋的混凝土保护层厚度	基础	±10	尺量
	柱、梁	±5	尺量
	板、墙、壳	±3	尺量
绑扎箍筋、横向钢筋间距		±20	尺量连续三档，取最大偏差值
钢筋弯起点位置		20	尺量，沿纵、横两个方向量测，并取其中偏差的较大值
预埋件	中心线位置	5	尺量
	水平高差	+3，0	塞尺量测

2. 钢筋绑扎与安装安全技术

（1）钢筋运输和堆放的安全要求

1）人力抬运钢筋时应动作一致，在起落、停止或上、下坡道及拐弯时，要前后互相呼应。

2）人力垂直运送钢筋时，应预先搭设马道，并加护身栏杆。高空作业人员应挂好安全带。

3）堆放钢筋及钢筋骨架的场地应理整，下垫木楞，并有良好的排水措施。堆放带有弯钩的半成品，最上一层钢筋的弯钩不应朝上，不得损伤成型钢筋。

4）机械吊运钢筋应捆绑牢固，吊点的数目和位置符合要求，严格控制吊装重量，不准超吊。

5）机械吊运钢筋，应设专人指挥，在吊运及安装钢筋时，防止碰人撞物。高空吊运时，要注意不要碰撞脚手架，模板支撑及其他临时施工结构物，不要触碰电线，确保安全作业。

（2）钢筋绑扎的安全要求

1）绑扎深基础的钢筋时，应设马道以联系上、下基槽，马道上不堆料，往基坑搬运或传送钢筋时，应有明确的联系信号，禁止向基坑内抛掷钢筋。

2）绑扎、安装钢筋骨架前，应检查模板，支柱及脚手架是否牢固，绑扎高度超过4m的圈梁、挑檐、外墙的钢筋时，必须搭设正式的操作架子，并按规定挂放安全网。不得站在墙上、钢筋骨架上或模板上进行操作。

3）高处绑扎钢筋时，钢筋不要集中堆放在脚手板或模板上，避免超载，不要在高处随便放置工具、箍筋或钢筋短料，避免下滑坠落伤人。

4）禁止以柱或墙的钢筋骨架作为上、下梯子攀登操作，柱子钢筋骨架高度超过5m时，在骨架中间应加设支撑拉杆加以稳固。

5）绑扎高度1m以上的大梁时，应首先支立起一面侧模，并加固好后，再绑扎梁的钢筋。

6）绑扎完毕的平台钢筋，不准踩踏或放置重物，保护好钢筋成品。

7）利用机械吊装钢筋时，应设专人指挥，吊点合理，上下呼应，就位人员必须待钢筋降落到 1m 以内，方向靠近扶正就位。

（3）钢筋安装的安全要求

1）利用机械吊装钢筋骨架时，应有专人指挥，骨架下严禁站人。骨架降落到作业面上 1m 以内时，方向扶正就位，检查无误后方可摘钩。

2）高空安装钢筋骨架，必须搭好脚手架，不允许以墙或者运输车斗代替脚手架。现场操作人员不得穿硬底和打钉易滑的鞋，工具放在工具袋内，传递物品禁止抛掷，以防滑落伤人。

3）尽可能避免在高处修整超粗的钢筋，必须进行这种操作时，操作人员要系好安全带，选好位置。人站稳后再操作。

4）在吊装钢筋骨架时，不要碰撞脚手架、电线等物品。

5）钢筋绑扎安装完毕至混凝土浇筑完了前，不准在钢筋成品上行车走人，对于各种原因引起的钢筋弯形、位移，要及时修整。

（五）钢筋绑扎与安装的质量通病及防治措施

1. 钢筋骨架外形尺寸不准

在模板外绑扎成型的钢筋骨架，往模板内安装时发生放不进去或保护层过厚等问题，说明钢筋骨架外形尺寸不准确。

（1）原因：一是加工过程中各型号钢筋外形不正确；二是安装质量不符合要求。

安装质量不符合要求的主要表现是：多根钢筋端部未对齐，绑扎时，某编号钢筋偏离规定位置。

（2）防治：绑扎时将多根钢筋端部对齐，防止钢筋绑扎偏斜或骨架扭曲。对尺寸不准的钢筋骨架，可将偏离规定位置的钢筋松绑，重新安装绑扎，切忌勿用锤子敲击，以免其他部位的钢筋发生变形或松动。

2. 保护层厚度不准

（1）原因：混凝土垫块的厚度不准或垫块的数量和位置不符合要求。

（2）防治：根据工程需要，分门别类地生产各种规格的垫块，其厚度应严格控制，使用时应对号入座，切忌乱用。混凝土垫块的放置数量和位置应符合施工规范的要求。浇捣混凝土前发现保护层厚度有误时，应及时采取补救措施，如用钢丝将钢筋位置调整后绑吊在模板楞上，或用钢筋架支托钢筋，以保证保护层厚度准确。

3. 柱（或墙）外伸钢筋位移

（1）原因：钢筋安装合格后固定钢筋的措施不可靠而产生位移。浇捣混凝土时，振动器碰撞钢筋，又未及时修正。

（2）防治：钢筋安装合格后，在其外伸部位加一道临时箍筋（或横筋），然后用固定铁卡或方木固定，确保钢筋不外移，在浇捣混凝土时，应尽量不碰撞钢筋。混凝土浇捣完成以后应再检查一遍钢筋位置，发现钢筋位移处应及时补救。当钢筋已发生明显的位移，且偏移较小，同时又在设计要求的平面内左、右偏移时，一般可采用如图 5-19（a）所示的方法调整钢筋，图中竖向钢筋应按不大于 1：6 的坡度进行调整；若偏移过大或不在设计要求的平面内偏移，则按图 5-19（b）所示的方法调整钢筋（混凝土强度≥C20），该方法须经设计人员同意。

4. 拆模后露筋

（1）原因：混凝土垫块垫得太稀或脱落；钢筋骨架外形尺寸不准，振动器碰撞钢筋，使钢筋位移，松绑而挤靠模板；操作者责任心不强，造成漏振的部位露筋。

（2）防治：每米左右加绑带钢丝的混凝土垫块，避免钢筋紧靠模板而露筋。在钢筋骨架安装尺寸有误差的地方，应用钢丝将钢筋骨架拉向模板，用垫块挤牢，如图 5-20 所示。

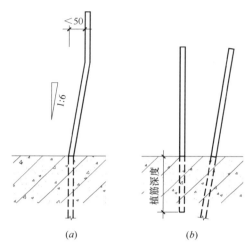

图 5-19　钢筋位置偏移调整示意

（a）扳弯钢筋；（b）植筋

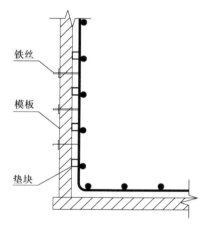

图 5-20　露筋防治

　　已产生露筋的地方，范围不大的可用聚合物复合砂浆涂抹。露筋部位混凝土有麻面者，应凿除浮渣，清洗基面，用高一个强度等级的细石混凝土分层抹实压实。

重要受力部位及较大范围的露筋，应会同设计单位，经技术鉴定后研究补救办法。

5. 钢筋的搭接长度不够

（1）原因：现场操作人员对钢筋搭接长度的要求不了解或虽了解但执行不力。

（2）防治：提高操作人员对钢筋搭接长度必要性的认识和掌握搭接长度的标准（在现行 G101 系列、G901 系列图集中按搭接百分率查表得到搭接长度）；操作时对每个接头应逐个测量，检查搭接长度是否符合设计和规范要求。

6. 钢筋接头位置错误或接头过多

（1）原因：不熟悉有关绑扎、焊接、机械连接接头的规定。此外，配料人员配料时，疏忽大意，没分清钢筋处于受拉区还是受压区，造成同截面钢筋接头过多。

（2）防治：

1）配料时应根据库存钢筋的情况，结合设计要求，决定搭配方案。

2）当梁、柱、墙钢筋的接头较多时，配料加工应根据设计要求预先画接头施工图，注明各位置处钢筋的搭配顺序，并根据受拉区和受压区的要求正确决定接头位置和接头数量（梁、柱、墙钢筋接头位置的规定见现行《混凝土结构钢筋排布规则与构造详图》G901 系列图集）。

3）现场绑扎时，应事先详细交底，以免钢筋放错位置。

若发现接头位置或接头数目不符合规范要求，但未进行绑扎，应再次制订设置方案；已绑扎好的，一般情况下应采取拆除钢筋骨架，重新确定配置绑扎方案，再行绑扎。如果个别钢筋接头位置有误，可以将其抽出，返工重做。图 5-10 所示为柱箍接头的正确绑法。

7. 箍筋的间距不一致

（1）原因：图纸上所注的间距为箍筋间距的最大值，按此值绑扎，则箍筋的间距的根数有出入。此外，操作人员绑前不放线，按大概尺寸绑扎，也多造成间距不一致。

（2）防治：绑扎前应根据配筋图预先算好箍筋的实际间距，并画线作为绑扎时的依据。已绑扎好的钢筋骨架发现箍筋的间距不一致时，可以作局部调整或增加 1~2 个箍筋。

8. 钢筋遗漏

（1）原因：施工管理不严，没有事先熟悉图纸，各位置钢筋的安装顺序没有精心安排，操作前未作详细交底。

（2）防治：绑扎钢筋前必须熟悉图纸，并核对配料单和料牌，检查钢筋规格、数量是否齐全、准确。在熟悉图纸的基础上，仔细研究各位置处钢筋的绑扎安装顺序和步骤。在钢筋绑扎前应对操作人员详细交底。钢筋绑扎完毕，应仔细检查并清理现场，检查有无漏绑和遗留现场的钢筋。漏绑的钢筋必须设法全部补上。简单的骨架将遗漏的钢筋补上即可；复杂的骨架要拆除部分成品才能补上。对已浇筑混凝土的结构或构件，发现钢筋遗漏时，要会同设计单位通过结构性能分析来确定处理方案。

9. 钢筋网主、副筋位置放反

（1）原因：钢筋绑扎人员缺乏必要的结构知识，操作疏忽，使用时没有分清主、副筋的位置，不加区别地随意放入模板。如图 5-21 所示，某单、双向板底筋布置图，图 5-21（a）、图 5-21（c）所示为正确的主、副筋位置，图 5-21（b）、图 5-21（d）所示则是错误的。

（2）防治：布置这类结构或构件的绑扎任务时，要向有关人员和直接操作者作专门的交底，对已放错方向的钢筋，未浇筑混凝土的要坚决改正，已浇筑混凝土必须通过设计单位复核后，再决定是否采取加固措施或减轻外加荷载。

10. 梁的箍筋被压弯

（1）原因：当梁很高大时，图纸上未设纵向构造钢筋或拉筋，箍筋被钢筋骨架的自重或施工荷载压弯。

（2）防治：当梁腹板高度≥450mm 时，在梁的两侧沿高度设置侧面钢筋，间距为 150~200mm，直径不小于 10mm，纵向

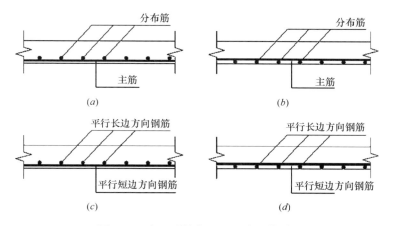

图 5-21　主、副筋位置（正确、错误）

(a) 单向板（正确）；(b) 单向板（错误）；(c) 双向板（正确）；

(d) 双向板（错误）

钢筋用拉筋连接，如图 5-14 所示。

箍筋已被压弯时，可将箍筋压弯骨架临时支上，补充纵向钢筋和拉筋。

11. 结构或构件中预埋件遗漏或错位

（1）原因：施工时没有认真熟悉图纸中预埋件的位置和数量，直接操作人员或不知道该安放什么预埋件、或安错位置、或安放位置正确但固定不好。

（2）防治：要对操作人员作专门的技术交底，明确安放预埋件的品种、规格、位置与数量，并事先确定固定方法。在浇筑混凝土时，振动器不要碰撞预埋件。有关人员应相互配合，发现错位或损坏时应及时纠正或补救。

六、工具设备的维护和保养

（一）钢筋加工机械的维护及常见故障处理

禁止操作人员及非专业人员私自拆修加工、焊接设备。机具要做到一日一清。在操作过程中如发现机具异常，及时通知专业修理人员。

1. 钢筋切断机

（1）钢筋切断机的维护、保养要点

1）清洁：钢筋切断机内外要清洁；做到滑动面、螺杆、齿轮、齿条没有油渍，没有碰撞，工作部位无泄漏，无渗漏，刀片的垃圾打扫干净。

2）整洁：工具、工件、配件摆放整齐；安全保护装置齐全、完整。

3）安全：熟悉设备的结构和遵守操作规程，合理使用设备，精心维护设备，防止意外。

4）润滑：润滑油每更换一次，油性要符合要求，油罐、油杯、油毡、油线要清洁，润滑油油标窗口要明亮，无油渍显示。

5）维修要由专业人员进行，发现异常现象，应立即停电进行检修。

（2）钢筋切断机故障及排除方法（表 6-1）

钢筋切断机故障及排除方法 表 6-1

故障现象	故障原因	维护方法
切断不顺利	刀片安装不牢固，刀口损伤	紧固刀片或磨刀口
	刀片侧间隙过大	调整间隙

故障现象	故障原因	维护方法
切刀损坏	一次切断钢筋过多	减少钢筋数量
	刀片质量不好	更换刀片
	刀片松动	调整垫铁，紧固刀片螺栓
切细钢筋时刀口不直	切刀不锋利	更换或修磨
	上下刀片间隙过大	调整间隙
轴承及连杆瓦发热	润滑不良，油路不通	加油
	轴承不清洁	清洗
连杆发出撞击声	铜瓦磨损，间隙过大	研磨或更换轴瓦
	连接螺栓松动	紧固螺栓
齿轮传动有噪声	齿轮损伤	修复齿轮
	齿轮啮合部位不清洁	清洁齿轮，更换润滑油

2. 钢筋弯曲（弯箍）机维护、保养要点

（1）钢筋弯曲（弯箍）机维护要点

1）在设备使用前，一定要在各润滑部位加润滑油，尤其是蜗轮箱内，必须按照规定要求加注齿轮油。同时，在加润滑油时，要按照说明书的要求以润滑周期表形成加油制度。不得超出铭牌规定的最大加工直径钢筋。

2）在设备使用 200h 之后，应当把蜗轮箱内润滑油更换一次，在换油前，应先用煤油将箱内清洗干净。

3）设备长期不使用的情况下，应当在机器加工表面的非涂漆部位涂抹防锈油脂，并存放在室内干燥处。

4）维修要由专业人员进行，发现异常现象，应立即停电进行检修。

（2）钢筋弯曲机常见故障及排除方法（表 6-2）

钢筋弯曲机常见故障及排除方法　　　　表 6-2

故障现象	故障原因	排除方法
弯曲钢筋角度不合适	运用中心轴和挡铁不合理	按规定选用中心轴和挡铁轴
弯曲大直径钢盘无力	传动带松弛	调整带的紧度
弯曲多根钢筋时，最上面的钢筋机器开动后跃出	钢筋没有把住	将钢筋用力把住并保持一致
立轴上部与轴套配合位置发热	润滑油路不通，有杂物阻隔，不过油	清除杂物
	轴套磨损	更换轴套
传动齿轮噪声大	齿轮磨损	更换磨损齿轮
	弯曲的直径大，转速太高	按规定调整转速

3. 钢筋焊接机械

（1）钢筋点焊机的维护、保养要点

1）工作前，必须清除油污，否则将降低电极的使用期限，影响焊接质量。

2）点焊机的轴承，铰链和汽缸的活塞、滑块、导轨等活动部位要定期润滑。

3）经常检查电极触头磨损情况，如有磨损，可用砂布或细锉刀进行修复，电极触头不得偏位。

4）点焊机停止工作时，应切断电源和气源，最后关闭水源，清除杂物和焊渣。

5）设备长期停用时，要在重要部位涂装防锈油。

6）维修要由专业人员进行，发现异常现象，应立即停电进行检修。

（2）钢筋点焊机常见故障及排除方法（表 6-3）

钢筋点焊机常见故障及排除方法　　　　表 6-3

故障现象	故障原因	排除方法
焊接时无焊接电流	焊接程序循环停止	检查时间调节电路
	继电器接触不良或电阻断路	清除接触点更换电阻

故障现象	故障原因	排除方法
焊接时无焊接电流	无引燃脉冲或幅值很小	检查电路和管脚是否松动
	气温低，引爆管不工作	外部加热
电流大，焊件烧穿	电极下降速度太慢	检查导轨的润滑，气阀是否正常
	上、下电极不对中	校正电极
	焊接压力没加上	检查电极间的距离是否太大，气路压力是否正常
	焊件表面有污物或内部有杂物	清理焊件
	引燃管冷却不良引起温度增高	畅通冷却水
	继电器气触点间隙太小或继电器接触不良	调整间隙，清理触点
引爆管失控，自动闪弧	引燃管不良	更换引燃管
	引燃电路无栅偏压	测量检查栅偏压
焊接时电压不下降	脚踏开关损坏	修理脚踏开关
	电磁阀卡死或线圈开路	修理电磁阀和线圈
	压缩空气压力调节过低	调高压力
	汽缸活塞卡死	拆修气缸活塞

4. 钢筋对焊机

（1）钢筋对焊机的维护、保养与点焊机基本相同

（2）钢筋对焊机的常见故障及排除方法（表 6-4）

钢筋对焊机的常见故障及排除方法　　　　表 6-4

故障现象	故障原因	排除方法
焊接时次级没有电流，焊件不能熔化	继电器接触点不能随按钮动作	修继电器接触点，清除积尘
	按钮开关不灵	修理开关的接触部分或更换

続表

故障现象	故障原因	排除方法
焊件熔接后不能自动断路	行程开关失效不能动作	修理开关的接触部分或更换
变压器通路，但焊接时不能良好焊牢	电极和焊件接触不良	修理电极钳口
	焊件间接触不良	清除焊件端部的氧化皮和污物
焊接时焊件熔化过快，不能很好接触	电流过大	调整电流
焊接时焊件熔化不好，焊不牢有粘点现象	电流过小	调整电压

5. 钢筋电渣压力焊机

（1）钢筋电渣压力焊机维护和保养要点

1）工作完毕后应把焊机放置安全处，防止雨淋及灰尘对焊机造成损害，并经常清理擦拭设备，尤其是主机内部及交流接触器的触点，转动部位注油保养。

2）保护好仪表、开关等易损部零件。

3）维修要由专业人员进行，发现异常现象，应立即停电进行检修。

（2）钢筋电渣压力焊机的常见故障及排除方法（表6-5）

钢筋电渣压力焊机的常见故障及排除方法 表6-5

故障现象	表象	故障原因	排除方法
不起弧	监视器仪表指示为零，监视器仪表指示超过正常值	1. 焊接没有输出电流。 2. 两钢筋短路。 3. 机头内发生短路。 4. 钢筋严重锈蚀或焊口处被水泥、焊剂等物垫住	检查电源、保险管、控制电缆、插头座、控制开关、交流接触器及通用继电器的吸和电路。 操作失误，重新操作；清理脏物或更换绝缘套件，清理后重新操作

故障现象	表　象	故障原因	排除方法
控制失灵	监视器仪表指示不正常或不显示	1. 控制开关、控制电缆及插头座发生故障。 2. 监视器损坏	1. 检修相应部件。 2. 更换监视器
	控制开关释放后不断电	交流接触器或通用继电器触点烧住	停电后清理或更换
	控制开关不起作用	1. 保险管烧坏。 2. 控制电缆断线。 3. 控制电缆插头座损坏。 4. 控制变压器损坏。 5. 通用继电器或交流接触器线圈烧毁 6. 开关本身损坏	1. 更换管烧坏。 2. 检查、焊接。 3. 更换电缆插头座。 4. 更换变压器。 5. 更换或修理。 6. 更换开关

（二）钢筋连接、焊接和加工机械的选用

1. 钢筋连接的选用

（1）套筒挤压连接

将一个钢套筒套在两根带肋钢筋的端部，用超高压液压设备（挤压钳）沿钢套筒径向挤压钢套管，在挤压钳挤压力作用下，钢套筒产生塑性变形与钢筋紧密结合，通过钢套筒与钢筋横肋的咬合，将两根钢筋牢固连接在一起。

特点：接头强度高，性能可靠，能够承受高应力反复拉压载荷及疲劳载荷，操作简便，但施工速度相对较慢。随着新技术的出现，该方法因为工效不高，目前施工现场已很少采用。

适用范围：适用于 $\phi18\sim50$ 的 HRB335、HRB400、HRB500级带肋钢筋（包括焊接性差的钢筋），相同直径或不同直径钢筋

之间的连接。

（2）锥螺纹和直螺纹连接

1）锥螺纹连接现场操作速度快，使用范围广，不受气候影响。但锥螺纹接头破坏都发生在接头处。

2）直螺纹连接精度高，质量稳定，操作简便，连接速度快，价格适中。

两者共同的优点：工艺简单、可以预加工、连接速度快、同心度好，不受钢筋含碳量和有无花纹限制等。

适用范围：适用于工业与民用建筑及一般构筑物的混凝土结构中，钢筋直径为 16～40mm 的 HRB335、HRB400 级、HRB500 级竖向、斜向或水平钢筋的现场连接施工。由于直螺纹连接工效高，因此在施工现场运用广泛。

2. 钢筋焊接机械的选用

（1）电阻点焊

特点：钢筋混凝土结构中的钢筋焊接骨架和焊接网，宜采用电阻点焊制作。以电阻点焊代替绑扎，可以提高劳动生产率，提高钢筋骨架和钢筋网的刚度，宜积极推广应用。

适用范围：适用于 $\phi6$～16 的 HPB300、HRB335、HRBF335、HRB400、HRBF400、HRB500、HRBF500 牌号钢筋。

（2）闪光对焊

特点：具有生产效益高、操作方便、节约能源、节约钢材、接头受力性能好、焊接质量高等很多优点，故钢筋的对接连接宜优先采用闪光对焊。

适用范围：适用于 $\phi6$～22 的 HPB300 牌号钢筋；$\phi8$～40 的热轧 HRB335、HRBF335、HRB400、HRBF400、HRB500、HRBF500、RRB400W 牌号钢筋。

（3）电弧焊

以焊条作为一极，钢筋为另一极，利用焊接电流通过产生的电弧热进行焊接的一种熔焊方法。

特点：轻便、灵活，可用于平、立、横、仰全位置焊接，适应性强、应用范围广。

适用范围：适用于 $\phi10\sim22$ 的热轧 HPB300 牌号钢筋；$\phi10\sim$ 40 的热轧 HRB335、HRBF335、HRB400、HRBF400 牌号钢筋；$\phi10\sim32$ 的 HRB500、HRBF500 牌号钢筋；$\phi10\sim25$ 的 RRB400W 牌号钢筋；可用于钢筋与钢筋，以及钢筋与钢板、型钢的焊接。

（4）电渣压力焊机

特点：操作方便、效率高。

适用范围：适用于 $\phi12\sim22$ 的热轧 HPB300 牌号钢筋；$\phi12\sim$ 40 的热轧 HRB335、HRB400、HRB500 牌号钢筋连接。主要用于柱、墙、烟囱、水坝等现浇钢筋混凝土结构（建筑物、构筑物）中竖向受力钢筋的连接。但不得用于梁、板等构件水平钢筋连接。

3. 钢筋加工机械的选用

钢筋加工机械主要有钢筋切断机、弯曲（弯箍）机（机械、液压式）、数控调直切断机（机械、液压式）等，市场可选择的余地很大。在选择钢筋加工机械时，应根据施工现场钢筋的数量、钢筋的直径和钢筋的级别来选择合适的钢筋加工设备。

（三）钢筋连接检测工具的选择和使用

1. 钢筋连接检测工具的选择

（1）扭矩扳手

不同直径的钢筋，其扭矩力不同，或者说用到多大的力气才能拧紧这个螺纹直筒。

（2）通止规

分通规、止规两种，前者检测钢筋螺纹纹路，后者检测钢筋螺纹直筒。

2. 钢筋检测工具的使用

（1）钢筋连接套筒力矩扳手的使用

钢筋连接套筒力矩扳手是专用于检测钢筋连接套筒与钢筋连接丝头连接的拧紧力矩值。

钢筋连接套筒力矩扳手适用范围：该产品适用于直径为 12～40mm 的钢筋连接拧紧力矩值的测试。

钢筋连接套筒力矩扳手技术指标：示值日误差/示值重复误差小于等于 0.5%。

钢筋连接套筒力矩扳手规格：扳手力臂长度 600mm。扭矩值设定范围 70～370N·m。

（2）力矩扳手操作方法

新扳手出厂时经过验定，有产品合格证，力矩值设定在最低位置上。使用前，要根据钢筋接头与钢筋连接套筒连接所需要的拧紧力矩，将扳手上的游动标尺刻度值设定在对应的位置上，即用专用扳手扭转丝杠使游动标尺上的钢筋规格刻度对准扳手柄上刻线，然后将钳口平稳咬住被连接钢筋或套筒，用力握住扳手手柄，顺时针匀加力，当听到"咔咔"声响时，即可停止加力，此时钢筋接头的拧紧力矩值已达到规定的要求。

（3）调整扳手精度办法

用专用钥匙插入尾部端面孔内顺时针转增大力矩值，逆时针旋转减少力矩值。

七、施 工 管 理

（一）与本工种相关工种协调

1. 与其他工种联系的内容和方式

一般来说，建筑工程的施工相对复杂，包括了土建、给水排水、电气安装专业和采暖通风等。而土建工程主要由钢筋工、砌筑抹灰工、架子工、木工、混凝土工、电工、焊工及管道工等共同完成。按施工工序，与钢筋工有关的工种有架子工、木工、混凝土工、电工、焊工及管道工等。以上各工种工作均由项目管理人员安排各班组长协调完成。

2. 与其他工种的配合程序

现浇混凝土结构施工时，架子工应在钢筋工施工前，搭设完成满足规范要求的外脚手架和支模架；钢筋工、焊工与木工交叉作业，完成柱墙、梁、板钢筋工程；水电管道预留、预埋也在钢筋绑扎过程中交叉进行；最后由混凝土工完成混凝土浇筑。

（二）班 组 管 理

1. 钢筋班组管理

指在钢筋工程施工中，为控制工期最优、成本合理、质量优良、安全生产、文明施工等目的所进行的一系列管理活动的总称。

2. 钢筋班组管理的任务

根据建设方和承包商对钢筋工程的工期、成本、质量、安全等要求，选择确定科学、经济、合理的施工管理方案和采取符合

实际的管理措施，即

（1）确定合理的施工进度并组织实施。

（2）确定合理的施工顺序并组织实施。

（3）控制好人力、材料、施工机械、水、电等项目的成本。

（4）采取有效的劳动组织措施，保证工程持续施工。

（5）选择技术先进、经济合理的施工工艺和技术措施，保证钢筋工程的施工质量。

（6）确定安全生产、文明施工的管理体系和管理措施。

3. 钢筋班组管理的工作内容

主要分为钢筋班组生产技术管理、质量管理、施工方案的执行三个方面。

（1）钢筋班组生产技术管理

1）施工进度管理：根据施工进度计划及项目管理目标要求，钢筋班组按时完成钢筋工程的施工作业任务。

2）劳动组织管理：钢筋班组长根据钢筋工程量合理安排施工人员数量，以满足工程进度要求。

3）施工技术管理：钢筋加工及绑扎安装作业须满足图纸、规范、标准要求。

4）材料管理：对所有进场的钢材必须有备案登记证、出厂合格证，不合格材料坚决不予进场，并根据施工检验规范和其他有关规定在监理工程师的见证下作现场抽样送检，经检验合格后方可使用，对已进场的不合格材料禁止使用。

5）现场安全、文明施工管理规定：钢筋班组施工时，须按照《建筑施工安全检查标准》JGJ 59—2011进行施工。

（2）钢筋班组质量管理

1）质量保证措施：强化质量三检制，不合格的过程产品杜绝进入下道工序。通过严格检查，实行层层把关，从根本上消除质量隐患，达到"防患于未然"。要求钢筋工程施工时，首先明确施工工艺流程，根据工序特点制定质量控制点，责任明确到人，层层控制。

2）消除质量通病的措施：根据《建筑工程质量通病防治手册》，提前进行技术交底。

3）成品保护管理：加强成品保护，合理安排工序，减少交叉作业，制定成品保护措施，避免对成品的破坏和污染。

（3）施工方案的执行

1）准备工作：做好人、材、机等各项准备工作。

2）基本原则：严格执行方案中的施工方法、施工程序、计划安排等，严禁擅自更改。

4. 对机械操作人员的管理办法

（1）正确佩戴安全帽：

进入施工现场必须戴好安全帽。正确戴安全帽必须注意两点：一是安全帽由帽衬和帽壳两部分组成，帽衬与帽壳不能紧贴，应有一定间隙。二是必须系紧下颚带；当人体发生坠落时，由于安全帽戴在头部，起到对头部的保护作用。凡直接从事带电作业的劳动者，必须穿绝缘鞋，戴绝缘手套，防止发生触电事故。从事电、气焊作业的电、气焊工人必须戴电、气焊手套，穿绝缘鞋和使用护目镜及防护面罩。

（2）操作钢筋机械注意事项：

1）机械应专人管理。使用前必须检查电气、机身接零（地），漏电保护器必须灵敏可靠，安全防护装置必须完好。

2）使用调直机应加一根长度为1m左右的钢管，被调直的钢筋应先穿过钢管，再穿入导向管和调直筒，防止钢筋尾头弹出伤人。

（3）使用切断机时应握紧钢筋，冲切刀片向后退时，将钢筋送入刀口，切短料应用钳子送料，以防伤人。

（4）使用弯曲机弯曲钢筋时，必须先将钢筋调直，加工较长的钢筋，应派专人扶稳钢筋，扶钢筋者与操作者动作协调一致，不得任意拉拽。

（5）工作完毕，拉闸断电，锁好闸箱。

（6）电焊作业注意事项：

电焊属特种作业，电焊工必须持证上岗；电源控制应使用自动开关，不准使用手动开关；一、二次线必须加防触电保护装置；一次线长度不超过 5m（不能拖地）；二次线长度应小于30m，接线应压接牢固，并安装防护罩，焊钳把线应采用专用电缆，双线到位，不准有接头，绝缘无破损；不得借用金属脚手轨道及结构钢筋作回路地线。

习　　题

（一）**判断题**（将判断结果填入括号中，正确的填"√"，错误的填"×"）

1. ［初级］钢筋应按简图中的尺寸下料。

【答案】错误

【解析】钢筋的简图是加工后的图样。

2. ［初级］钢筋弯钩有半圆弯钩、直弯钩及斜弯钩三种形式。

【答案】正确

【解析】参考 G101-1 图集弯钩标准构造。

3. ［初级］一般钢筋成型后量度尺寸都是沿直线量内皮尺寸。

【答案】错误

【解析】钢筋成型后量度尺寸都是沿直线量外皮尺寸。

4. ［初级］箍筋的末端应做弯钩。用 HPB300 级钢筋制作的箍筋，其弯钩的弯弧内直径（弯芯直径）应大于受力钢筋直径，且不小于箍筋直径的 5 倍。

【答案】错误

【解析】按《混凝土结构工程施工质量验收规范》GB 50204—2015 第 13 页第 5.3.1 条第 1 及第 4 款的规定。

5. ［初级］有抗震要求的结构，箍筋弯钩的弯弧内直径（弯芯直径）不应小于箍筋直径的 10 倍。

【答案】错误

【解析】按《混凝土结构工程施工质量验收规范》GB 50204—2015 第 13 页第 5.3.1 条的规定。

6.〔初级〕箍筋弯钩平直部分的长度，对一般结构，不宜小于箍筋直径的 2.5 倍。

【答案】错误

【解析】按《混凝土结构工程施工质量验收规范》GB 50204—2015 第 13 页第 5.3.3 条的规定或现行 G101-1 箍筋构造。

7.〔初级〕"4Φ18"是表示直径 18mm 的 HRB335 级钢筋 4 根。

【答案】正确

【解析】按 G101-1（现行）图集表示方法。

8.〔初级〕现浇楼板负弯矩钢筋要逐扣绑扎。

【答案】正确

【解析】现浇楼板负弯矩钢筋要逐扣绑扎。

9.〔初级〕钢筋绑扎接头在搭接长度区内，搭接受力筋占总受力钢筋的截面积在受拉区内不得超过 25%，受压区内不得超过 50%。

【答案】正确

【解析】按《混凝土结构工程施工质量验收规范》GB 50204—2015 第 5.4.7 条第 2 款的规定。

10.〔初级〕有抗震要求的柱子箍筋弯钩应弯成 135°，平直部分长度不小于 10cm。

【答案】错误

【解析】按 G101-1（现行）图集规定，有抗震要求的柱子箍筋弯钩应弯成 135°，平直部分长度不小于 $10d$ 且不小于 75mm。

11.〔初级〕柱身上、下端及梁柱交接处，箍筋间距应按设计要求加密。

【答案】正确

【解析】按 G101-1（现行）图集构造要求规定。

12.〔初级〕钢筋的接头宜位于最大弯矩处。

【答案】错误

【解析】钢筋的接头宜位于最小弯矩处。

13. 〔初级〕现浇框架的箍筋间距允许偏差为±30mm。

【答案】错误

【解析】按《混凝土结构工程施工质量验收规范》GB 50204—2015 第 19 页表 5.5.3 的规定，箍筋间距允许偏差±20m。

14. 〔初级〕除设计有特殊要求外，柱和梁的箍筋应与纵向受力筋垂直。

【答案】正确

【解析】按 G101-1（现行）图集构造要求，柱和梁的箍筋应与纵向受力筋必须垂直，形成钢筋骨架，以利于受力。

15. 〔初级〕电渣压力焊适用于柱、墙、构筑物等现浇混凝土结构中竖向受力钢筋的连接。

【答案】正确

【解析】按《钢筋焊接及验收规程》JGJ 18—2012 第 26 页第 4.1.2 条的规定。

16. 〔中级〕焊剂应存放在干燥的库房内，当受潮时，在使用前应经 250～300℃烘焙 1h。

【答案】错误

【解析】按《钢筋焊接及验收规程》JGJ 18—2012 第 14 页第 4.1.6 条的规定，焊剂受潮时，在使用前应经 250～350℃烘焙 2h。

17. 〔中级〕钢筋电弧焊所采用的焊条有碳钢焊条及低合金钢焊条。

【答案】正确

【解析】按《钢筋焊接及验收规程》JGJ 18—2012 第 8 页第 3.0.3 条的规定。

18. 〔中级〕钢筋电弧焊所采用焊条的型号根据熔敷金属的抗拉强度分为 E43 系列、E50 系列和 E55 系列三种，它们分别表示抗拉强度高于或等于 420、490 和 540MPa。

【答案】正确

【解析】参考《碳钢焊条型号表》的规定。

19. ［中级］钢筋电弧焊焊条型号根据熔敷金属的抗拉强度、焊接位置和焊接形式选用。

【答案】正确

【解析】按《钢筋焊接及验收规程》JGJ 18—2012 第 21 页第 4.5.3 条第 1 款的规定，钢筋电弧焊焊接材料应根据钢筋牌号、直径、接头形式和焊接位置选择。

20. ［中级］预应力筋按材料类型可分为中强度预应力钢丝、钢绞线、预应力螺纹钢筋、消除应力钢丝等，其中以钢绞线与钢筋采用最多。

【答案】正确

【解析】按《混凝土结构设计规范》GB 50010—2010（2015年版）表 4.2.2-2 的规定。

21. ［中级］钢筋混凝土地下室超长，为避免混凝土开裂，施工中每 30～40m 应留出施工后浇带，带宽 800～1000mm。

【答案】正确

【解析】按《高层建筑混凝土结构技术规程》JGJ 3—2010 第 3.4.13 条第 3 款的规定，每 30～40m 应留出施工后浇带，带宽 800～1000mm。

22. ［中级］列入钢筋加工计划的配料单，将每一编号的钢筋混凝土结构构件制作一块料牌，作为钢筋加工的依据。

【答案】正确

【解析】钢筋加工计划的配料单是钢筋加工的依据。

23. ［中级］施工缝的位置，宜留在结构剪力较小且便于施工的部位。

【答案】正确

【解析】施工缝的位置，宜留在结构剪力较小且便于施工的部位。

24. ［中级］框架结构房屋内过梁的作用是承受门、窗洞上部的墙体重量。

【答案】正确

【解析】框架结构房屋内过梁的作用是只承受门、窗洞上部的墙体重量；砖混结构房屋内非承重墙上过梁的作用是承受门、窗洞上部的墙体重量；承重墙上过梁除承担门、窗洞上部的墙体重量外，还承担楼板传递的楼面荷载。

25.〔中级〕框架结构房屋的外墙不承受墙身的自重。

【答案】错误

【解析】框架结构房屋的所有填充墙只承受墙身的自重。

26.〔中级〕钢筋焊接时如发现焊接零件熔化过快、不能很好地接触，其原因可能是焊接电流太小。

【答案】错误

【解析】钢筋焊接时如发现焊接零件熔化过快、不能很好地接触的原因可能是焊接电流过大。

27.〔中级〕钢筋机械性能试验包括拉伸、弯曲和抗剪试验。

【答案】错误

【解析】钢筋机械性能试验包括拉伸、冷弯试验。

28.〔中级〕沉降缝是为避免建筑物产生不均匀沉降时导致房屋结构构件开裂而设置的。

【答案】正确

【解析】沉降缝是为避免建筑物产生不均匀沉降时导致房屋结构构件开裂而设置的。

29.〔中级〕负弯矩钢筋歪斜或下垂，在混凝土浇筑前须调整复位。

【答案】正确

【解析】负弯矩钢筋歪斜或下垂，在混凝土浇筑前必须调整复位，否则达不到设计要求。

30.〔中级〕代换钢筋应经设计单位同意，并办理技术核定手续后方可进行。

【答案】正确

【解析】钢筋混凝土结构构件钢筋是由设计单位经过计算得到，施工单位未经设计单位同意，不得擅自修改。

31. ［高级］先张法适宜于在施工现场制作大型构件（如屋架等），以避免大型构件长途运输的麻烦。

【答案】错误

【解析】先张法适宜于工厂化生产的中小型预应力构件，后张法适宜于在施工现场制作大型构件（如屋架等），以避免大型构件长途运输的麻烦。

32. ［高级］无粘结预应力法为发展大跨度、大柱网、大开间楼盖体系创造了条件。

【答案】正确

【解析】无粘结预应力法是十大新技术之一。

33. ［高级］钢绞线（1×3 三股）的强度有 1570、1860、1960N/mm² 三种，后者是需用量较大的高强度钢绞线。

【答案】正确

【解析】按《混凝土结构设计规范》GB 50010—2010（2015年版）表 4.2.2-2 的规定。

34. ［高级］预应力筋张拉后，对设计位置的偏差不得大于 10mm。

【答案】错误

【解析】按《混凝土结构工程施工质量验收规范》GB 50204—2015 第 6.4.5 条的规定，预应力筋张拉后，对设计位置的偏差不得大于 5mm。

35. ［高级］墙体双层钢筋绑扎时，应后绑扎先立模板一侧的钢筋。

【答案】错误

【解析】墙体双层钢筋绑扎时，应先绑扎先立模板一侧的钢筋。

36. ［高级］无粘结预应力是先行埋置无粘结预应力筋，在混凝土达到设计强度后再行张拉，依靠其两端锚具传力的一种施工方法。

【答案】正确

【解析】无粘结预应力是先行埋置无粘结预应力筋，在混凝土达到设计强度后再行张拉，依靠其两端锚具传力的一种施工方法。

37. 〔高级〕墙体钢筋位置偏移时，应采取 6∶1 的缓坡方法纠正。

【答案】错误

【解析】墙体钢筋位置偏移时，应采取 1∶6 的缓坡方法纠正。

38. 〔高级〕预制构件中的吊环钢筋锚固长度，一般必须埋入混凝土的长度为 $30d$（d 为钢筋直径）。

【答案】正确

【解析】预制构件吊环钢筋只能用热轧光面钢筋 HPB300 级，预制构件混凝土强度等级最低为 C30，查 G101-1（现行）图集锚杆长度为 $30d$。

39. 〔高级〕有抗震要求的框架，不宜以强度等级较高的钢筋代替原设计中的钢筋。

【答案】正确

【解析】从抗震角度出发，钢筋必须具备较好的变形能力，而强度较低的钢筋变形能力好于强度较高的钢筋的变形能力。

40. 〔高级〕圈梁的作用是增加建筑物整体性，防止建筑物不均匀沉降，抵抗地震和其他振动对建筑物的不良影响。

【答案】正确

【解析】圈梁的作用是增加建筑物整体性，防止建筑物不均匀沉降，抵抗地震和其他振动对建筑物的不良影响。

（二）单项选择题（选择一个正确的答案，将相应的字母填在每题横线上）

1. 〔初级〕悬挑构件的主筋布置在构件的____。

A. 中部   B. 上部

C. 下部   D. 没有规定

【答案】B

【解析】钢筋混凝土梁主筋布置在受拉一侧，悬挑构件上部受拉。

2. ［初级］在施工图中，LB 通常代表____。

A. 现浇板   B. 柱

C. 梁   D. 空心板

【答案】A

【解析】按 G101-1（现行）图集中板的表示方法。

3. ［初级］在钢筋混凝土构件代号中，"GL"是表示____。

A. 基础梁   B. 过梁

C. 连系梁   D. 圈梁

【答案】B

【解析】按《建筑结构制图标准》GB/T 50105—2010 第 37 页常用构件代号按汉语拼音首字母。

4. ［初级］钢筋弯起 60°时，斜长计算系数为____ h。

A. 2   B. 1.41

C. 1.15   D. 1.1

【答案】C

【解析】斜长计算系数＝$1/\sin 60°$＝1.15

5. ［初级］施工图纸中点画线表示____。

A. 不可见轮廓线   B. 地下管道

C. 可见轮廓线   D. 定位轴线、中心线

【答案】D

【解析】按《建筑制图标准》GB/T 50104—2010 表 2.1.2 图线规定，施工图纸中点画线表示定位轴线、中心线、对称线。

6. ［初级］用作预应力钢筋的强度标准值保证率应不低于____。

A. 80%   B. 95%

C. 100％   D. 115％

【答案】B

【解析】按《混凝土结构设计规范》GB 50010—2010（2015年版）第4.2.2条的规定，钢筋的强度标准值应具有不小于95％的保证率。

7.［初级］结构平面图内横墙的轴线编号顺序为____。

A. 从右到左编号

B. 从左到右编号

C. 按顺时针方向从左下角开始编号

D. 从上到下编号

【答案】B

【解析】按《建筑结构制图标准》GB/T 50105—2010规定，结构平面图内横墙的轴线编号顺序为从左至右编号。

8.［初级］预应力混凝土结构的混凝土强度等级不宜低于____。

A. C30   B. C40

C. C50   D. C60

【答案】B

【解析】按《混凝土结构设计规范》GB 50010—2010（2015年版）第4.1.2条的规定，预应力混凝土结构的混凝土强度等级不宜低于C40，不应低于C30。

9.［初级］混凝土柱保护层厚度的保证一般由____来实施。

A. 垫木块

B. 埋入20号钢丝的砂浆垫块绑在柱子钢筋上

C. 埋入20号钢丝的同强度的混凝土垫块绑在柱子钢筋上

D. 随时调整

【答案】C

【解析】混凝土柱保护层厚度的保证一般由埋入20号钢丝的同强度的混凝土垫块绑在柱子钢筋上来实施，不能用砂浆垫块，其强度不足。

10. 〔初级〕____的主要作用是固定受力钢筋在构件中的位置，并使钢筋形成坚固的骨架，同时还可以承担部分拉力和剪力等。

A. 受拉钢筋　　　　　　　B. 受压钢筋

C. 箍筋　　　　　　　　　D. 架立钢筋

【答案】C

【解析】箍筋的主要作用是固定受力钢筋在构件中的位置，并使钢筋形成坚固的骨架，同时还可以承担部分拉力和剪力等。

11. 〔初级〕钢筋的绑扎中，箍筋的允许偏差值为____mm。

A. ±5　　　　　　　　　　B. ±10

C. ±20　　　　　　　　　D. ±15

【答案】C

【解析】按《混凝土结构工程施工质量验收规范》GB 50204—2015 第 19 页表 5.5.3 的规定，箍筋的允许偏差为±20mm。

12. 〔初级〕施工图纸中虚线表示____。

A. 不可见轮廓线、部分图例

B. 定位轴线

C. 中心线

D. 尺寸线

【答案】A

【解析】按《建筑制图标准》GB/T 50104—2010 表 2.1.2 图线规定，施工图纸中虚线表示不可见轮廓线、部分图例、拟建、扩建建筑物轮廓线。

13. 〔初级〕钢筋的摆放，受力钢筋放在下面时，弯钩应向____。

A. 上　　　　　　　　　　B. 下

C. 任意方向　　　　　　　D. 水平或45°角

【答案】A

【解析】受力钢筋放置在下部时，弯钩向上方，满足施工现场布筋规则，保证受力钢筋的正确位置。

14.〔初级〕符号"φ"代表(　　)。

A. HPB300 级钢筋　　　　B. HRB335 级钢筋

C. HRB400 级钢筋　　　　D. HRB500 级钢筋

【答案】A

【解析】在钢筋混凝土结构施工图中，钢筋级别是用钢筋符号表示。

15.〔初级〕钢筋绑扎用钢丝，主要使用的规格是(　　)镀锌钢丝。

A. 18～20 号　　　　　B. 18～22 号

C. 20～22 号　　　　　D. 18～22 号

【答案】C

【解析】根据施工现场对扎丝的强度要求，其规格主要为20～22 号。

16.〔初级〕墙体钢筋绑扎时____。

A. 先绑扎先立模板一侧的钢筋，弯钩要背向模板

B. 后绑扎先立模板一侧的钢筋，弯钩要背向模板

C. 先绑扎先立模板一侧的钢筋，弯钩要面向模板

D. 后绑扎先立模板一侧的钢筋，弯钩要面向模板

【答案】A

【解析】墙体钢筋绑扎时，为便于施工并保证钢筋位置符合规范要求，先绑扎先立模板一侧的钢筋，弯钩要背向模板。

17.〔初级〕比例尺的用途是____。

A. 截取线段长度用的　　　B. 画曲线用的

C. 画直线用的　　　　　　D. 放大或缩小线段长度用的

【答案】D

【解析】《建筑制图标准》GB/T 50104—2010 规定，比例尺的用途是放大或缩小线段长度。

18.〔初级〕高处作业人员的身体要经____后才准上岗。

A. 工长允许　　　　　　　B. 班组公认后

C. 医生检查合格　　　　　D. 自我感觉良好

【答案】C

【解析】特种作业人员身体须经医生检查，体检合格后方可上岗。

19. ［初级］梁平面注写包括集中标注与原位标注，施工时____。

A. 集中标注取值优先　　　B. 原位标注取值优先
C. 取平均值　　　　　　　D. 均可

【答案】B

【解析】按 G101-1（现行）图集梁平法制图规则。

20. ［初级］梁箍筋Φ 10 @ 100/200 （4），其中（4）表示____。

A. 加密区为 4 根箍筋　　　B. 非加密区为 4 根箍筋
C. 箍筋的肢数为 4 肢　　　D. 箍筋的直径为 4mm

【答案】C

【解析】按 G101-1（现行）图集梁平法制图规则。

21. ［初级］梁中配有 G4Φ 12，其中 G 表示____。

A. 受拉纵向钢筋　　　　　B. 受压纵向钢筋
C. 受扭纵向钢筋　　　　　D. 梁侧面构造钢筋

【答案】D

【解析】按 G101-1（现行）图集梁平法制图规则。

22. ［初级］梁支座上部有 4 根纵筋，其上注写为 2Φ 25＋2Φ 22，它表示____。

A. 2Φ 25 放在角部，2Φ 22 放在中部
B. 2Φ 25 放在中部，2Φ 22 放在角部
C. 2Φ 25 放在上部，2Φ 22 放在下部
D. 2Φ 25 放在下部，2Φ 22 放在上部

【答案】A

【解析】按 G101-1（现行）图集梁平法制图规则。

23. ［初级］绝对标高是从我国____平均海平面为零点，其

他各地的标高都以它作为基准。

A. 黄海   B. 东海

C. 渤海   D. 南海

【答案】A

【解析】绝对标高是从我国黄海平均海平面为零点，其他各地的标高都以它作为基准。

24．[初级] 板块编号 XB 表示____。

A．现浇板   B. 悬挑板

C. 延伸悬挑板   D. 屋面现浇板

【答案】B

【解析】按 G101-1（现行）图集中板表示方法。

25．[初级] 绑扎现浇框架柱钢筋时，中部竖筋的弯钩应与模板成____角，且不应向一侧歪斜。

A. 30°   B. 45°

C. 60°   D. 90°

【答案】D

【解析】绑扎现浇框架柱钢筋时，角筋的弯钩应与模板成 45°，中部竖筋的弯钩应与模板成 90°。

26．[初级] 钢筋的接头应交错分布，柱子的纵向钢筋接头在每一水平截面内不宜多于竖筋总数的____。

A. 30%   B. 25%

C. 20%   D. 50%

【答案】D

【解析】按《混凝土结构工程施工质量验收规范》GB 50204—2015 第 5.4.7 条第 2 款的规定，同一连接区段内，纵向受拉钢筋的接头面积百分率，柱类构件，不宜超过 50%。

27．[初级] 受压钢筋绑扎接头的搭接长度，应取受拉钢筋绑扎接头搭接长度的____倍。

A. 0.5   B. 0.6

C. 0.7   D. 0.8

【答案】C

【解析】按《混凝土结构设计规范》GB 50010—2010（2015年版）第 8.4.5 条的规定，构件中的纵向受压钢筋当采用搭接连接时，其受压搭接长度不应小于纵向受拉钢筋搭接长度的 70%，且不应小于 200mm。

28. ［初级］HPR300 级钢筋末端应做成____ 弯钩，其弯弧内直径（弯芯直径）不应小于钢筋直径的____ 倍。

A. 90°，2.5   B. 180°，2.5

C. 180°，3   D. 90°，3

【答案】B

【解析】按《混凝土结构工程施工质量验收规范》GB 50204—2015 第 13 页第 5.3.1 条第 1 款中的规定，钢筋弯折的弯弧内直径，光圆钢筋，不应小于钢筋直径的 2.5 倍；第 5.3.2 条规定光圆钢筋末端应做 180°弯钩。

29. ［初级］同一连接区段内，纵向受拉钢筋搭接接头面积百分率应符合设计要求；当设计无具体要求时，对梁、板类及墙类构件，不宜大于____ 。

A. 15%   B. 20%

C. 25%   D. 30%

【答案】C

【解析】按《混凝土结构工程施工质量验收规范》GB 50204—2015 第 17 页第 5.4.7 条中第 1 款的规定，同一连接区段内，纵向受拉钢筋搭接接头面积百分率应符合设计要求；当设计无具体要求时，对梁、板类及墙类构件，不宜大于 25%。

30. ［中级］构件中的纵向受压钢筋，当采用搭接连接时，在任何情况下其受压搭接长度不应小于____ 。

A. 150mm   B. 200mm

C. 250mm   D. 300mm

【答案】D

【解析】按 G101-1（现行）图集中钢筋搭接长度规定，在任何情况下其受压搭接长度不应小于 300mm。

31. 〔中级〕同一连接区段内，纵向受拉钢筋搭接接头面积百分率应符合设计要求；当设计无具体要求时，若工程中确有必要增大接头面积百分率，对梁类构件不应大于____。

A. 25%

B. 35%

C. 45%

D. 50%

【答案】D

【解析】按《混凝土结构工程施工质量验收规范》GB 50204—2015 第 17 页第 5.4.7 条中第 3 款的规定，同一连接区段内，纵向受拉钢筋搭接接头面积百分率应符合设计要求；当设计无具体要求时，若工程中确有必要增大接头面积百分率，对梁类构件不应大于 50%。

32. 〔中级〕楼板钢筋绑扎，应该____。

A. 先摆受力筋，后放分布筋

B. 受力筋和分布筋同时摆放

C. 不分先后

D. 先摆分布筋，后放受力筋

【答案】A

【解析】楼板钢筋绑扎，为满足设计要求，保证钢筋位置准确，先摆受力筋，后放分布筋。

33. 〔中级〕建筑物的沉降缝是为____ 而设置的。

A. 避免不均匀沉降

B. 避免温度变化的影响

C. 避免承力不均匀

D. 施工需要

【答案】A

【解析】建筑物的沉降缝是为避免不均匀沉降而设置的。

34. 〔中级〕钢筋在加工使用前，必须核对有关试验报告（记录），如不符合要求，则____。

A. 请示工长

B. 酌情使用

C. 增加钢筋数量

D. 停止使用

【答案】D

【解析】施工用钢筋，必须现场取样复检合格，否则严禁使用。

35.［中级］钢筋绑扎检验批质量检验，纵向受力钢筋的间距允许偏差为____ mm。

  A. ±20   B. ±15

  C. ±10   D. ±5

【答案】C

【解析】按《混凝土结构工程施工质量验收规范》GB 50204—2015 第 19 页表 5.5.3 中的规定，纵向受力钢筋间距允许偏差为±10mm。

36.［中级］钢筋电弧焊焊接接头处钢筋轴线的偏移不得超过 0.1d（d 为钢筋直径），同时不得大于____ mm。

  A. 3   B. 2.5

  C. 2   D. 1

【答案】D

【解析】按《钢筋焊接及验收规程》JGJ 18—2012 第 41 页表 5.5.2 中的规定，钢筋电弧焊焊接接头处钢筋轴线的偏移不得超过 0.1d（d 为钢筋直径），同时不得大于 1mm。

37.［中级］HPB300 级钢筋搭接焊焊条型号是____ 。

  A. E60××   B. E43××

  C. E55××   D. E50××

【答案】B

【解析】按《钢筋焊接及验收规程》JGJ 18—2012 第 8 页表 3.0.3 中的规定，HPB300 级钢筋搭接焊焊条型号是 E43××。

38.［中级］当设计无具体要求时，对于一、二、三级抗震等级，检验所得的钢筋强度实测值应符合下列规定：钢筋的屈服强度实测值与屈服强度标准值的比值不应大于____ 。

  A. 0.9   B. 1.1

  C. 1.2   D. 1.3

【答案】D

【解析】按《混凝土结构工程施工质量验收规范》GB 50204—2015 第 12 页第 5.2.3 条第 2 款中的规定，钢筋的屈服强度实测值与屈服强度标准值的比值不应大于 1.3。

39. 〔中级〕获得认证的钢筋检验时，热轧圆钢盘条每批抽样重量不大于____。

A. 40t   B. 60t

C. 80t   D. 100t

【答案】B

【解析】按《混凝土结构工程施工质量验收规范》GB 50204—2015 第 11 页第 5.1.2 条中第 1 款的规定，钢筋、成型钢筋进场检验时，获得认证的钢筋、成型钢筋检验批容量可扩大一倍，即 60t 为一个抽样单位。

40. 〔中级〕检验钢筋连接主控项目的方法是____。

A. 检查产品合格证书

B. 检查接头力学性能试验报告

C. 检查产品合格证书、钢筋的力学性能试验报告

D. 检查产品合格证书、接头力学性能试验报告

【答案】D

【解析】检验钢筋连接主控项目的方法是检查产品合格证书、接头力学性能试验报告。

41. 〔中级〕获得认证的钢筋检验时，热轧光圆钢筋、余热处理钢筋、热轧带肋钢筋每批重量不大于____。

A. 40t   B. 60t

C. 80t   D. 100t

【答案】B

【解析】按《混凝土结构工程施工质量验收规范》GB 50204—2015 第 11 页第 5.1.2 条中第 1 款的规定，钢筋、成型钢筋进场检验时，获得认证的钢筋、成型钢筋检验批容量可扩大一倍，即 60t 为一个抽样单位。

42. 〔中级〕在梁、柱类构件的纵向受力钢筋搭接长度范围

内，应按设计要求配置箍筋。当设计无具体要求时，受拉搭接区段的箍筋间距不应大于搭接钢筋较小直径的____倍。

A. 5　　　　　　　　　　B. 6

C. 7　　　　　　　　　　D. 8

【答案】A

【解析】按 G101-1（现行）图集中钢筋搭接长度规定，在梁、柱类构件的纵向受力钢筋搭接长度范围内，应按设计要求配置箍筋。当设计无具体要求时，受拉搭接区段的箍筋间距不应大于搭接钢筋较小直径的 5 倍。

43.［中级］在梁、柱类构件的纵向受力钢筋搭接长度范围内，应按设计要求配置箍筋。当设计无具体要求时，受拉搭接区段的箍筋间距不应大于____，且不应大于较小纵向受力钢筋直径的 5 倍。

A. 50mm　　　　　　　　B. 100mm

C. 150mm　　　　　　　D. 200mm

【答案】B

【解析】按 G101-1（现行）图集中钢筋搭接长度规定，在梁、柱类构件的纵向受力钢筋搭接长度范围内，应按设计要求配置箍筋。当设计无具体要求时，受拉搭接区段的箍筋间距不应大于 100mm，且不应大于较小纵向受力钢筋直径的 5 倍。

44.［中级］当柱中纵向受力钢筋直径大于____时，应在搭接接头两端外 100mm 范围内各设置两个箍筋，其间距宜为 50mm。

A. 18mm　　　　　　　　B. 20mm

C. 25mm　　　　　　　　D. 28mm

【答案】C

【解析】按 G101-1（现行）图集中钢筋搭接长度规定，当柱中纵向受力钢筋直径大于 25mm 时，应在搭接接头两端外 100mm 范围内各设置两个箍筋，其间距宜为 50mm。

45.［中级］柱子箍筋弯钩应弯成____，平直段长度不应小于 10d 且不小于 75mm（d 为钢筋直径）。

　　A. 45°　　　　　　　　　　B. 60°

　　C. 90°　　　　　　　　　　D. 135°

　　【答案】D

　　【解析】按 G101-1（现行）图集箍筋构造要求，箍筋弯钩应弯成 135°。

　　46. ［中级］采用电渣压力焊出现咬边现象时，有可能为____引起的。

　　A. 焊剂不干　　　　　　　　B. 焊接电流太大

　　C. 焊接电流小　　　　　　　D. 顶压力小

　　【答案】B

　　【解析】按《钢筋焊接及验收规程》JGJ 18—2012 第 93 页附录条文解释第 4.6.7 条表 9 所示，电渣压力焊出现咬边现象，产生原因有焊接电流太大、通电时间太长、上钢筋顶压不到位。

　　47. ［中级］当图纸标有：KL7（3）300×700 Y500×250 时表示____。

　　A. 7 号框架梁，3 跨，截面尺寸为宽 300mm、高 700mm，第三跨变截面根部高 500mm、端部高 250mm

　　B. 7 号框架梁，3 跨，截面尺寸为宽 700mm、高 300mm，第三跨变截面根部高 500mm、端部高 250mm

　　C. 7 号框架梁，3 跨，截面尺寸为宽 300mm、高 700mm，第一跨变截面根部高 250mm、端部高 500mm

　　D. 7 号框架梁，3 跨，截面尺寸为宽 300mm、高 700mm，框架梁加腋，腋长 500mm、腋高 250mm

　　【答案】D

　　【解析】按 G101-1（现行）图集，梁平法表示规则。

　　48. ［中级］当纵向钢筋搭接接头百分率为 50% 时，纵向受拉钢筋的修正系数为（　　）。

　　A. 1.2　　　　　　　　　　B. 1.4

C. 1.6   D. 1.8

【答案】B

【解析】按 G101-1（现行）图集构造要求。

49. ［中级］基础中纵向受力钢筋的混凝土保护层（有垫层）厚度不应小于____。

A. 80mm   B. 70mm

C. 60mm   D. 40mm

【答案】D

【解析】按 G101-3（现行）图集构造规定。

50. ［中级］采用帮条焊时，两主筋端面之间的间隙应有____。

A. 2～5mm   B. 3～5mm

C. 5～10mm   D. 2～4mm

【答案】A

【解析】按《钢筋焊接及验收规程》JGJ 18—2012 第 23 页第 4.5.7 条第 1 款的规定，帮条焊时，两主筋端面之间的间隙应为 2～5mm。

51. ［中级］后浇带留置施工工艺流程为（   ）。

A. 后浇带模板支撑—焊接钢筋头—钢筋绑扎—绑扎钢丝网—两侧混凝土浇筑

B. 后浇带模板支撑—钢筋绑扎—绑扎钢丝网—两侧混凝土浇筑

C. 后浇带模板支撑—钢筋绑扎—焊接钢筋头—两侧混凝土浇筑

D. 后浇带模板支撑—钢筋绑扎—焊接钢筋头—绑扎钢丝网—两侧混凝土浇筑

【答案】D

【解析】后浇带施工工艺流程应为后浇带模板支撑—钢筋绑扎—焊接钢筋头—绑扎钢丝网—两侧混凝土浇筑。

52. ［中级］后浇带混凝土浇筑后浇水养护时间不得少于

（　　）d。

  A. 15   B. 20

  C. 28   D. 35

【答案】C

【解析】为避免后浇带处新老混凝土产生收缩裂缝，后浇带混凝土浇筑后浇水养护时间不得少于28d。

53.［中级］钢筋抵抗变形的能力叫（　　）。

  A. 强度   B. 刚度

  C. 可塑性   D. 抗冲击力

【答案】B

【解析】强度是钢筋抵抗破坏的能力；刚度是钢筋抵抗变形的能力。

54.［中级］拉力试验包括（　　）指标。

  A. 屈服点、抗拉强度

  B. 抗拉强度和伸长率

  C. 屈服点、抗拉强度、伸长率

  D. 冷拉、冷拔、冷轧、调直

【答案】C

【解析】钢筋拉力试验是为检测钢筋屈服强度、抗拉强度、伸长率三个指标。

55.［中级］下面对焊接头合格的有（　　）。

  A. 接头处弯折不大于2°，钢筋轴线位移不大于0.5d，且不大于3mm

  B. 接头处弯折不大于2°，钢筋轴线位移不大于0.1d，且不大于3mm

  C. 接头处弯折不大于2°，钢筋轴线位移不大于0.1d，且不大于1mm

  D. 接头处弯折不大于2°即可

【答案】C

【解析】按《钢筋焊接及验收规程》JGJ 18—2012 第39页

第 5.3.2 条第 3、4 款的规定，对焊接头接头处弯折不大于 $2°$，钢筋轴线位移不得大于钢筋直径的 1/10，且不得大于 1mm。

56. 〔中级〕钢筋堆放时，下面要垫上垫木，离地不宜小于（　　）。

A. 30cm   B. 20cm

C. 25cm   D. 15cm

【答案】B

【解析】根据钢筋堆放要求，堆放钢筋时垫木高度不应小于 200mm，间距 1500mm。

57. 〔高级〕采用冷拉方法调直钢筋时，HRB335 级和 HRB400 级钢筋的冷拉率不宜大于（　　）。

A. 2%   B. 4%

C. 1%   D. 3%

【答案】C

【解析】建筑工程中，光圆钢筋的冷拉率不宜大于 4%，HRB335 级、HRB400 级带肋钢筋的冷拉率不宜大于 1%。

58. 〔高级〕后张法预应力筋张拉后，孔道应尽快灌浆，其水泥砂浆强度应不低于____ N/mm^2。

A. 30   B. 25

C. 20   D. 10

【答案】A

【解析】按《混凝土结构工程施工质量验收规范》GB 50204—2015 第 26 页第 6.5.3 条的规定，现场留置的灌浆用水泥浆试件抗压强度不应低于 30MPa。

59. 〔高级〕当 HRB335、HRB400 和 RRB400 级钢筋的直径大于____时，其锚固长度应乘以修正系数 1.1。

A. 16mm   B. 18mm

C. 20mm   D. 25mm

【答案】D

【解析】按 G101-1（现行）图集中钢筋锚固长度规定，当钢

筋直径大于 25mm 时，钢筋锚固长度调整系数为 1.1（16G101-1
直接查表，无须计算）。

60.［高级］肋形楼盖中钢筋的绑扎顺序为＿＿。

A. 主梁筋→次梁筋→板钢筋

B. 主梁筋→板钢筋→次梁筋

C. 板钢筋→次梁筋→主梁筋

D. 板钢筋→主梁筋→次梁筋

【答案】A

【解析】按钢筋排布规则，肋形楼盖中钢筋的绑扎顺序为主
梁筋→次梁筋→板钢筋。

61.［高级］板中受力钢筋的直径，采用现浇板时不应小于
＿＿ mm。

A. 4   B. 6

C. 8   D. 10

【答案】B

【解析】《混凝土结构构造设计手册》对板钢筋最小直径的规
定为大于等于 6mm。

62.［高级］预应力筋张拉锚固后，实际预应力值的偏差不
得大于或小于工程设计规定检验值的＿＿。

A. 15%   B. 10%

C. 5%   D. 3%

【答案】C

【解析】按《混凝土结构工程施工质量验收规范》GB
50204—2015 第 25 页第 6.4.3 的规定，先张法预应力筋张拉锚
固后，实际建立的预应力值与工程设计规定检验值的相对允许偏
差为±5%。

63.［高级］预应力筋张拉或放张时，混凝土强度应符合设
计要求；当设计无具体要求时，不应低于设计的混凝土立方体抗
压强度标准值的＿＿。

A. 100%   B. 95%

C. 85％　　　　　　　　　　　　D. 75％

【答案】D

【解析】按《混凝土结构工程施工质量验收规范》GB 50204—2015 第 24 页第 6.4.1 条第 1 款的规定，预应力张拉或放张前，应对混凝土强度进行检验。同条件养护的混凝土立方体试件抗压强度应符合设计要求，当设计无具体要求时，不应低于设计混凝土强度等级值的 75％。

（三）多项选择题

1. ［初级］底部受力钢筋网的摆放，（　　　　）。

A. 钢筋放在上面时，弯钩应朝上

B. 钢筋放在下面时，弯钩应朝下

C. 钢筋放在下面时，弯钩应朝上

D. 钢筋放在上面时，弯钩应朝下

【答案】AC

【解析】底部受力钢筋网钢筋弯钩均应朝上。

2. ［初级］梁平法平面注写方式包括（　　　　）。

A. 集中标注　　　　　　　　B. 原位标注

C. 截面注写　　　　　　　　D. 核定后取值

【答案】AB

【解析】按 G101-1（现行）图集，梁平法表示规则。

3. ［初级］钢筋表面应洁净，不应有（　　　）

A. 油渍　　　　　　　　　　B. 漆污

C. 浮皮　　　　　　　　　　D. 铁锈

【答案】ABCD

【解析】钢筋应平直、无损伤，表面不得有裂纹、油污、浮皮、颗粒状或片状老锈。

4. ［初级］柱平法施工图中配筋标注分为（　　　　）。

A. 平面标注　　　　　　　　B. 列表注写

C. 截面注写　　　　　　　　D. 立体注写

【答案】BC

【解析】按 G101-1（现行）图集，柱平法表示规则。

5.［初级］钢筋除锈的方法有（　　　）。

A. 手工除锈　　　　　　　　B. 冷拉除锈

C. 除锈机除锈　　　　　　　D. 火烧除锈

【答案】ABC

【解析】钢筋除锈的方法有手工除锈、冷拉除锈、除锈机除锈，火烧除锈因温度升高，可能改变钢筋力学性能，故不能采用。

6.［初级］有梁楼盖板的配筋主要有（　　　）。

A. 纵向钢筋　　　　　　　　B. 横向钢筋

C. 板凳筋　　　　　　　　　D. 箍筋

【答案】ABC

【解析】楼板中的配筋主要有纵向钢筋、横向钢筋、板凳筋等。

7.［初级］在无梁楼板的制图规则中规定了相关代号，下面对代号解释正确的是（　　　）。

A. ZSB 表示柱上板带

B. KZB 表示跨中板带

C. B 表示上部、T 表示下部

D. $b=\times\times\times$表示板带宽、$h=\times\times\times$表示板带厚

【答案】ABD

【解析】按 G101-1（现行）图集，无梁楼板的制图规则规定。

8.［初级］绑扎钢筋时扎丝的规格一般为（　　　）铁丝。

A. 8 号　　　　　　　　　　B. 12 号

C. 22 号　　　　　　　　　　D. 20 号

【答案】CD

【解析】根据施工现场对扎丝的强度要求，其规格主要为20～22 号。

9.［初级］钢筋露天存放时，应该（　　　）。

A. 底部用方木垫高 B. 不用盖护

C. 放在地上 D. 用棚布盖护

【答案】AD

【解析】根据钢筋堆放要求，堆放钢筋时垫木高度不应小于200mm，并用棚布盖护，防止钢筋锈蚀。

10. [初级] 钢筋绑扎现场主要准备的用品应有（ ）。

A. 扎丝 B. 钢筋钩

C. 钢筋扳子 D. 小撬棍

【答案】ABCD

【解析】钢筋绑扎用品有扎丝、钢筋钩、钢筋扳子、小撬棍等。

11. [初级] 绑扎钢筋骨架的安装允许偏差是：长为（ ），宽高为（ ）。

A. ±10mm B. ±5mm

C. ±15mm D. ±20mm

【答案】AB

【解析】按《混凝土结构工程施工质量验收规范》GB 50204—2015 第19页表5.5.3的规定，绑扎钢筋骨架的安装允许偏差：长为±10mm，宽高为±5mm。

12. [中级] 钢筋的力学性能主要有（ ）。

A. 抗拉性能 B. 冷弯性能

C. 焊接性能 D. 屈服强度

【答案】AD

【解析】钢筋的力学性能有抗拉强度、屈服强度、伸长率。冷弯性能和焊接性能是钢筋的加工性能。

13. [中级] 剪力墙身拉筋排布设置有（ ）等形式。

A. 三角形 B. 菱形

C. 梅花形 D. 矩形

【答案】CD

【解析】按G101-1（现行）图集，剪力墙平法表示规则。

14. ［中级］闪光对焊的工艺分为（　　　）。

A. 融槽焊　　　　　　　　　B. 连续闪光焊

C. 预热闪光焊　　　　　　　D. 闪光预热焊

【答案】BCD

【解析】按《钢筋焊接及验收规程》JGJ 18—2012 第 17 页第 4.3.3 条注明的，闪光对焊可分为连续闪光焊、预热闪光焊、闪光预热焊。

15. ［中级］下面关于受力钢筋的弯钩说法正确的是（　　　）。

A. HPB300 钢筋末端应做 180°弯钩，弯折处弯弧内直径（弯芯直径）不应小于钢筋直径的 2.5 倍

B. 当设计要求钢筋末端做 135°弯钩时，HRB335、HRB400 级钢筋弯折处弯弧内直径（弯芯直径）不应小于钢筋直径的 4 倍

C. 钢筋作不大于 90°弯折时，弯折处弯弧内直径（弯芯直径）不应小于钢筋直径的 10 倍

D. 箍筋弯钩的平直部分长度不宜小于钢筋直径的 5 倍

【答案】AB

【解析】按《混凝土结构工程施工质量验收规范》GB 50204—2015 第 13 页第 5.3.1 条的规定，钢筋弯折的弯弧内直径应满足：① 光圆钢筋，不应小于钢筋直径的 2.5 倍；② 335MPa 级、400MPa 级带肋钢筋，不应小于钢筋直径的 4 倍；第 5.3.3 条钢筋作不大于 90°弯折时，弯折处弯弧内直径（弯芯直径）不应小于钢筋直径的 5 倍；箍筋弯钩的平直部分长度对于一般构件不应小于钢筋直径的 5 倍，对有抗震要求的结构构件不应小于钢筋直径的 10 倍。

16. ［中级］常用的钢筋机械连接接头类型有（　　　）。

A. 套筒挤压接头　　　　　　B. 锥螺纹接头

C. 直螺纹接头　　　　　　　D. 焊接钢板

【答案】ABC

【解析】常用的钢筋机械连接接头有：套筒挤压接头、锥螺

纹接头、直螺纹接头。

17. ［中级］钢筋电弧焊分为（　　　）。

A. 帮条焊　　　　　　　B. 搭接双面焊

C. 搭接单面焊　　　　　D. 气体焊

【答案】ABC

【解析】按《钢筋焊接及验收规程》JGJ 18—2012 第 21 页第 4.5.3 条的规定，钢筋电弧焊应包括帮条焊、搭接焊、坡口焊、窄间隙焊和熔槽焊五种接头形式。其中，搭接焊又分为单面焊和双面焊。

18. ［中级］预埋钢筋时，应检查（　　　）。

A. 钢筋规格　　　　　　B. 预埋位置

C. 屈服强度　　　　　　D. 运输方式

【答案】AB

【解析】预埋钢筋时，应检查钢筋规格、数量和位置。

19. ［中级］钢筋调直的方法主要有（　　　）。

A. 调直机调直

B. 卷扬机拉直

C. 手工调直

D. 锻打

【答案】AB

【解析】钢筋调直主要通过调直机、卷扬机拉直，较少采用手工调直。

20. ［中级］梁柱中箍筋的直径一般为（　　　）。

A. 6mm　　　　　　　　B. 8mm

C. 10mm　　　　　　　 D. 20mm

【答案】ABC

【解析】按《混凝土结构构造设计手册》规定，四级抗震梁柱中箍筋的直径最小为 6mm，根部最小 8mm，一般常用 6、8、10mm，极少采用 20mm 钢筋。

21. ［中级］根据《混凝土结构设计规范》GB 50010—2010

（2015 年版），热轧钢筋强度等级按屈服强度有（　　）。

A. 235 级　　　　　　　　　　B. 335 级

C. 400 级　　　　　　　　　　D. 500 级

【答案】BCD

【解析】参照《混凝土结构设计规范》GB 50010—2010（2015 年版）第 22 页表 4.2.2-1 的规定。

22.〔高级〕钢筋因供应而须代换时，代换应考虑的因素有（　　）。

A. 满足最小配筋率配筋

B. 满足裂缝宽度控制

C. 满足强度要求

D. 满足钢筋根数要求

【答案】ABC

【解析】按《混凝土结构设计规范》GB 50010—2010（2015 年版）第 26 页第 4.2.8 条的规定，当进行钢筋代换时，除应符合设计要求的构件承载力、裂缝宽度验算以及抗震规定以外，尚应满足最小配筋率、钢筋间距、保护层厚度、钢筋锚固长度、接头面积百分率及搭接长度等构造要求。

23.〔高级〕柱首层 H_n 的取值下面说法正确的是（　　）。

A. H_n 为首层净高

B. H_n 为首层高度

C. 有地下室时，H_n 为嵌固部位至首层节点底

D. 无地下室时，H_n 为基础顶面至首层节点底

【答案】ACD

【解析】按 G101-1（现行）图集，柱构造要求。

24.〔高级〕要使构件能够可靠地正常工作，应满足（　　）要求。

A. 强度　　　　　　　　　　　B. 刚度

C. 对称性　　　　　　　　　　D. 稳定性

【答案】ABD

【解析】构件稳定工作三要素：强度、刚度、稳定性。

25.［高级］抗震等级为一、二、三级的框架结构、斜撑构件（含梯板）中采用钢筋应满足（   ）。

A. 钢筋实测抗拉强度与实测屈服强度之比不小于 1.25

B. 钢筋实测屈服强度与屈服强度特征值之比不大于 1.30

C. 钢筋可不满足相应产品技术规范指标要求

D. 钢筋的最大力下总伸长率不小于 9%

【答案】ABD

【解析】《混凝土结构工程施工质量验收规范》GB 50204—2015 第 12 页第 5.2.3 条第 1、2、3 款的规定。

（四）案例题

1. 图示某框梁，抗震等级为四级，混凝土强度等级 C30，钢筋采用 HRB400 级，环境类别为一类，按 16G101 图集进行计算，请根据上述条件及图纸回答下列问题。

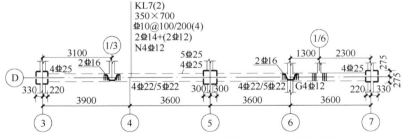

未注明附加密箍为2×3Φ"d"@50(箍筋直径及肢数同该梁箍筋)

1）判断题

①［高级］KL7（2）吊筋的弯起角度为 60°。

【答案】错误

【解析】按 G101-1（现行）图集，吊筋构造要求，梁高小于 800mm，弯起角度为 45°。

②［初级］KL7（2）上部通长筋为 2Φ14 的 HRB400 级钢筋。

【答案】正确

162

【解析】按 G101-1（现行）图集，梁平面注写规则及楼面框梁构造大样，KL7（2）上部通长筋为 2 Φ 14 的 HRB400 级钢筋。

③〔初级〕KL7（2）底部第一排钢筋为 4 Φ 22。

【答案】错误

【解析】按梁平法注写规则，KL7（2）底部第一排钢筋为 5 Φ 22。

④〔初级〕箍筋肢数为 4 肢箍。

【答案】正确

【解析】按 G101-1（现行）图集，梁制图规则，该框梁箍筋肢数为 4 肢箍。

⑤〔中级〕主次梁相交处，须在次梁上各设 3 根附加箍筋。

【答案】错误

【解析】主次梁相交处，须在主梁上、次梁两侧各设 3 根附加箍筋。

⑥〔中级〕架立筋与支座负筋搭接长度为 300mm。

【答案】错误

【解析】按 G101-1（现行）图集，楼面框梁构造大样，架立筋与支座负筋搭接长度应为 150mm。

2）单选题

①〔高级〕D 轴交⑤轴第一排支座负筋伸入跨中的净长为（   ）。

A. 2417mm

B. 1745mm

C. 2327mm

D. 1670mm

【答案】C

【解析】相邻两跨不等跨时，取较大跨进行计算：（3900＋3600－220－300)/3＝2327mm

②〔初级〕D 轴交③～⑤轴侧面纵筋为（   ）。

A. N4 Φ 12   B. G4 Φ 12
C. N2 Φ 16   D. G4 Φ 25

【答案】A

【解析】按 G101-1（现行）图集，梁平法制图规则。

③［高级］D 轴交⑤～⑦轴侧面纵筋长度为（　　）。

A. 7820mm

B. 7340mm

C. 7520mm

D. 7040mm

【答案】D

【解析】该跨侧面钢筋为 4 Φ 12 构造钢筋，按 G101-1（现行）图集，楼面框梁侧面钢筋构造要求，钢筋伸入支座锚固长度为 15d：3600＋3600－220－300＋15×12×2＝7040mm

④［高级］梁上部通长筋与支座负筋的搭接长度为（　　）。

A. 1400mm

B. 784mm

C. 672mm

D. 1225mm

【答案】B

【解析】按 G101-1（现行）图集，楼面框梁构造要求，搭接长度为：1.6×35×14＝784mm

3）多选题

①［初级］下列关于 KL7（2）说法正确的有（　　）。

A. KL7（2）表示 7 号框架梁，2 跨

B. 该梁截面为宽 350mm，高 700mm

C. 该梁箍筋直径为 Φ 10，间距 100mm

D. 该梁侧面构造钢筋为 4 Φ 12

【答案】AB

【解析】按 G101-1（现行）图集，梁平法制图规则，KL7（2）表示 7 号框架梁，2 跨，梁宽 350mm，高 700mm；梁箍筋直径

为 Φ 10，4 肢箍，加密区间距为 100mm，非加密区间距 200mm，③～⑤轴为抗扭侧面钢筋，⑤～⑦轴为构造侧面钢筋。

②〔中级〕下列说法错误的有（　　）。

A. KL7（2）上部通长钢筋为 2Φ14

B. KL7（2）箍筋为 4 肢箍，加密区间距为 100mm，非加密区间距为 200mm

C. KL7（2）中间支座第一排钢筋伸入跨中长度按较小跨长的 1/3 计算

D. D 轴交 1/3 轴处，附加箍筋个数为 4 个

【答案】CD

【解析】按 G101-1（现行）图集，梁平法制图规则，KL7（2）中间支座第一排钢筋伸入跨中长度按较大净跨长的 1/3 计算，图纸中注明为 6 个箍筋。

③〔高级〕下列说法正确的有（　　）。

A. KL7（2）混凝土保护层厚度为 25mm

B. KL7（2）左支座钢筋锚固长度为 35d

C. 当纵向钢筋在施工中易受扰动时，锚固长度应乘以 1.1

D. KL7（2）中间支座钢筋分为两排

【答案】CD

【解析】按 G101-1（现行）图集，KL7（2）混凝土保护层厚度为 20mm，KL7 左支座钢筋直锚长度为 35d，KL7（2）需弯锚。

④〔高级〕下列说法正确的有（　　）。

A. KL7（2）架立筋搭接长度为 150mm

B. KL7（2）中吊筋的上部水平段长度为 320mm

C. 当 $h_b > 800$ 时，弯起角度为 45°

D. KL7（2）附加箍筋间距为 50mm

【答案】ABD

【解析】按 G101-1（现行）图集，框梁、吊筋构造大样，架立筋搭接长度为 150mm，吊筋的上部水平段长度为 20d

（320mm），当 h_b ＞800 时，弯起角度为 60°。图纸中要求附加箍筋间距为 50mm。

2. 某框架结构，抗震等级为四级，混凝土强度等级 C30，钢筋采用 HRB400 级，环境类别为一类，按 16G101-1 图集进行计算，请根据上述条件及图纸内容回答下列问题。

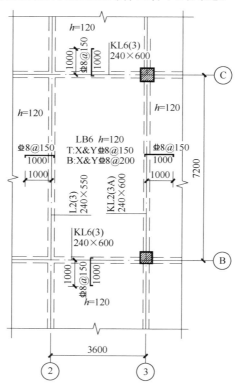

1）判断题

①［初级］LB6 是厚度为 120mm 的悬挑板。

【答案】错误

【解析】LB6 为楼面板，悬挑板代号 XB。

②［初级］LB6 底部受力钢筋为 Φ 8@150。

【答案】错误

【解析】LB6 底部受力钢筋为 Φ 8@200。

③〔初级〕KL2（3A）表示跨数为 3 跨、一端有悬挑，序号为 2 的框架梁。

【答案】正确

【解析】按 G101-1（现行）图集，梁制图规则。

④〔中级〕LB6 板的混凝土保护层厚度为 20mm。

【答案】错误

【解析】一类环境，C30 混凝土，板的混凝土保护层厚度为 15mm。

2）单选题

①〔中级〕LB6 X 方向面筋根数为（　　）根。

A. 47   B. 46

C. 22   D. 23

【答案】A

【解析】（7200－120－120－2×150/2）/150+1=47 根

②〔中级〕LB6 Y 方向底筋根数为（　　）根。

A. 18   B. 17

C. 34   D. 35

【答案】B

【解析】[3600－120－120－2×200/2]/200+1=17 根

③〔中级〕LB6 X 向底筋长度为（　　）mm 。

A. 7200   B. 3360

C. 3600   D. 3440

【答案】C

【解析】3600－120－120+max（5d；梁宽/2）=3600mm

3）多选题

〔中级〕上图中，板面 X、Y 方向钢筋下料长度分别为（　　）mm。

A. 7247   B. 9347

C. 3647   D. 5747

【答案】BD

【解析】LB6 板面钢筋与相邻板负筋整体下料

X 向：3600＋1000×2＋（120－2×15）×2－2×2.07×8
＝5747mm

Y 向：7200＋1000×2＋（120－2×15）×2－2×2.07×8
＝9347mm

参 考 文 献

[1] 中国建筑标准设计研究院组织编制.《混凝土结构施工图平面整体表示方法制图规则和构造详图》16G101-1、16G101-2、16G101-3[M].北京：中国计划出版社，2016.

[2] 中国建筑标准设计研究院组织编制.《混凝土结构施工钢筋排布规则与构造详图》18G901-1、18G901-2、18G901-3[M].北京：中国计划出版社，2018.

[3] 中华人民共和国住房和城乡建设部，中华人民共和国国家质量监督检验检疫总局联合发布. 建筑机械使用安全技术规程 JGJ 33—2012[M]. 北京：中国建筑工业出版社，2012.

[4] 中华人民共和国住房和城乡建设部，中华人民共和国国家质量监督检验检疫总局联合发布. 钢筋焊接及验收规程 JGJ 18—2012[M]. 北京：中国建筑工业出版社，2012.

[5] 中华人民共和国住房和城乡建设部，中华人民共和国国家质量监督检验检疫总局联合发布. 钢筋机械连接技术规程 JGJ 107—2016[M]. 北京：中国建筑工业出版社，2016.

[6] 中华人民共和国住房和城乡建设部，中华人民共和国国家质量监督检验检疫总局联合发布. 混凝土结构工程施工质量验收规范 GB 50204—2015[M]. 北京：中国建筑工业出版社，2015.

[7] 中华人民共和国住房和城乡建设部，中华人民共和国国家质量监督检验检疫总局联合发布. 混凝土结构设计规范 GB 50010—2010(2015 年版)[M]. 北京：中国建筑工业出版社，2011.

[8] 李建武. 混凝土结构平法施工图实例图集[M]. 北京：中国建筑工业出版社，2016.

[9] 刘清，许春燕. 钢筋工[M]. 北京：中国建材工业出版社，2016.